Gesunde Pflanzen in

Hydrokultur

Hans-August Rotter

Gesunde Pflanzen in Hydrokultur

FALKEN

Zum Thema Natur und Pflanzen sind im FALKEN Verlag zahlreiche Bücher erschienen.
Hier eine kleine Auswahl:
„Der pflegeleichte Hausgarten" (1170), „Schöne Kräutergärten" (1256),
„Kompost im Hausgarten" (1258), „Wasser im Garten" (4230), „Wintergärten" (4256),
„Gesunde Zimmerpflanzen" (4274), „Garten heute" (4283),
„Das moderne Handbuch der Zimmerpflanzen" (4416)

Unser Beitrag zum Umweltschutz:
Papier aus chlorfrei gebleichtem Zellstoff

ISBN 3 8068 1257 8

Titelbild: M. Wolfart, Wiesbaden-Erbenheim
Fotos: BASF AG Limburgerhof: 66, 67 o.; Dr. Molitor, Forschungsanstalt Geisenheim: 62 r.; Max F. Wetterwald, Offenburg: 49 (Farbtafel 6 unten), 67 u.; alle übrigen Fotos: Max Neusser (Fotodesigner), Rödermark
Zeichnungen: Hans-Georg Helle, Wiesbaden (außer Seite 19: Margrit Stüber, Wiesbaden, sowie Seite 14 [Karl Heinz Hildmann], 26 und 55: FALKEN Archiv, Niedernhausen). Das Schaubild auf Seite 27 unten entstand nach einer Vorlage der OSRAM GmbH, München.

Satz: DM-SERIVCE, Rodgau 3
Druck: Neuwieder Verlagsgesellschaft mbH, Neuwied

817 2635 4453 62

Inhalt

Vorwort

Ich habe mir vom Verlag Raum für ein paar einleitende Worte gewünscht, um deutlich zu machen, was mir mit diesem Buch am Herzen liegt.

Hydrokultur ist eine feine Sache. Ich bin von ihr überzeugt und finde es legitim, ihre Vorteile herauszustellen. Doch von einem Sachbuch dürfen Sie mit Recht mehr erwarten. Pflanzen sind lebende Wesen und erfordern – wie alles, was lebt – Einfühlungsvermögen und eine gewisse Aufmerksamkeit. Falsch behandelt, tun sie sich schwer, Freude zu bereiten. Doch wer, intuitiv oder bewußt, die richtigen Kniffe beherrscht, wird immer viel Spaß an seinen dekorativen „Schützlingen“ finden.

Aus diesem Grund bin ich auf die praktischen Fragen möglichst detailliert eingegangen. Mir liegt daran, etwas gegen die Ratlosigkeit angesichts mancher leicht vermeidbarer Mißerfolge zu tun. Das besonders ausführliche Kapitel „Gesunde Pflanzen“ (Seite 56 ff.) wird Ihnen dabei helfen, Pflege- und Standortfehler in Zukunft leichter zu erkennen. Je besser Sie Bescheid wissen, um so eher sind Sie in der Lage, eine den Pflanzen genehme Umgebung zu schaffen.

Zudem geht es mir darum, Ihnen einige Möglichkeiten aufzuzeigen, wie Sie ihre persönliche Umgebung geschmackvoll mit Pflanzen gestalten. Standortansprüche unterschiedlicher Gewächse spielen dabei ebenso eine Rolle wie der Verwendungszweck oder individuelle Wünsche und Vorlieben. Ein nicht unwesentlicher Aspekt, auf den ich Sie schließlich hinweisen möchte, ist die Wirkung von Pflanzen auf die Raumluft und damit auf Ihre Gesundheit. Soviel zu den Anliegen dieses Buches. Ich wünsche Ihnen viel Freude und Erfolg mit Ihren gesunden Pflanzen in Hydrokultur.

Wiesbaden-Erbenheim
Im Frühjahr 1992

Hans-August Rotter

Vier Argumente für Pflanzen in Hydrokultur

- Sind Sie ein Vollblutgärtner? Lieben Sie es, möglichst oft an Ihren Pflanzen zu arbeiten? Die Hydrokultur bietet Ihnen vielfältige Möglichkeiten.
- Oder wollen Sie die Schönheit Ihrer Gewächse mit möglichst wenig Pflegeaufwand genießen? Haben Sie wenig Zeit, sich um Ihre Pflanzen zu kümmern? Pflanzen in Hydrokultur lassen sich einfach und bequem pflegen.
- Sind Sie oft unterwegs und wollen Ihre Pflanzen daheim gut versorgt wissen? Kein Problem mit Hydrokultur! Mehr darüber erfahren Sie auf Seite 51.
- Legen Sie Wert auf gesunde Atemluft in Ihren Räumen? Wissen Sie, daß laut Untersuchungen der amerikanischen Weltraumbehörde NASA Pflanzen schädliche Stoffe aus der Luft nehmen? Erfahrungen haben außerdem gezeigt, daß die im Winter oft zu geringe Luftfeuchtigkeit in Wohnräumen mit einer Hydrobepflanzung um rund 10 % gesteigert werden kann.

Was ist Hydrokultur?

Bequeme Handhabung

Pflanzen in Hydrokultur wachsen ohne Erde. Alles Leben entstand aus dem Wasser, insofern fällt es Hydropflanzen leicht, ohne Erde auszukommen. Die Wurzeln entnehmen sämtliche Nährstoffe und Spurenelemente direkt aus dem mit Dünger angereichertem Wasser und finden im Blähton einen festen Halt. Wasserstandsanzeiger, Blähton, Kulturtopf und Außengefäß ermöglichen eine leichte Handhabung und bieten vielerlei Pflegevorteile.

In Hydrokultur gedeihen Pflanzen mindestens genausogut, wahrscheinlich sogar besser als in Erdkultur. Das bestätigen Erfahrungen aus dem Gemüse- und Schnittblumenanbau. Hydrokultur trägt auch zum Umweltschutz bei; der Boden wird nicht mit Nitrat belastet, und die Torfvorkommen in den Mooren bleiben vor Abbau bewahrt. Immer mehr Pflanzen werden in Hydrokultur und ähnlichen Systemen herangezogen.

Pflegevorteile

Pflanzen in Hydrokultur bilden gegenüber solchen in Erde ein verschiedenartiges Wurzelsystem mit stumpferen Wurzelspitzen aus. Sie kommen mit weniger Wurzeln aus und müssen deshalb nur selten umgetopft werden.

Blähton hat sich als Kultursubstrat für Hydropflanzen bewährt. Aus natürlichem Ton unter Zugabe von Sauerstoff gebrannt, ist er leicht, sauber und geruchlos. Über die Poren seiner Oberfläche leitet er das Wasser nach oben. Man braucht den Blähton auch nach längerem Gebrauch nicht auszutauschen, er versauert nicht und behält auch seine Struktur.

Der **Wasserstandsanzeiger** verrät Ihnen, wieviel Nährlösung sich im Gefäß befindet und wann Sie wieder

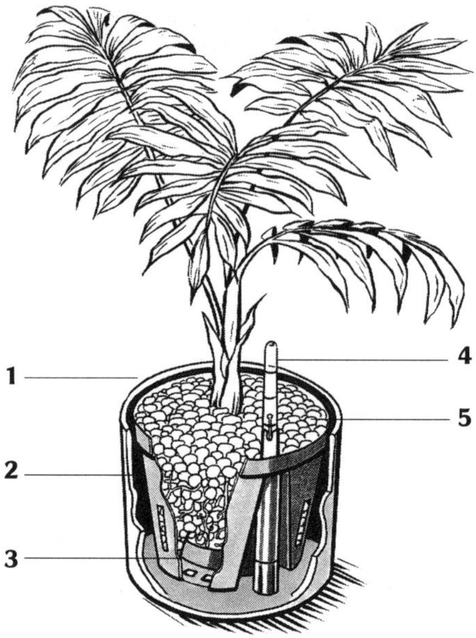

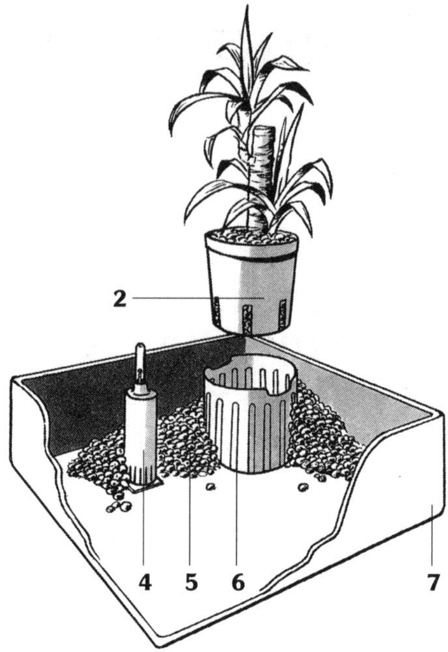

1 Klein- oder Tischgefäß
2 Kulturtopf
3 Aufwölbung im Kulturtopf für die Düngebatterie
4 Wasserstandsanzeiger
5 Blähton
6 Manschette
7 Großgefäß

nachgießen müssen. In dieser sicheren Kontrolle liegt der eigentliche Unterschied zur Erdkultur und zugleich einer der Hauptvorteile der Hydrokultur. Selbst unerfahrene Zimmergärtner können Wasser und Luft im richtigen Verhältnis halten, so daß die Pflanzen bessere Lebenschancen haben.

Der **Kulturtopf** nimmt die Pflanze auf, in ihm kann sie fest einwurzeln. Diese Einheit, Pflanze und Kulturtopf, läßt sich ganz nach Wunsch in ein Arrangement oder einzeln in ein Gefäß stellen; ohne die Wurzeln zu stören. Dies ist der große Vorteil des Kulturtopfs, an dem in der Regel der Wasserstandsanzeiger befestigt wird.

Das **Außengefäß** enthält die Nährlösung. Es sollte sowohl zur Größe der Pflanze passen als auch mit der Wohnungseinrichtung harmonieren. Die Gefäße müssen unbedingt wasserdicht sein und dürfen keine pflanzenschädlichen Stoffe freisetzen.

Grundlagen und Zubehör

Außengefäße und Kulturtöpfe

Im Laufe der Jahre haben sich bei der Hydrokultur zwei vorteilhafte Gefäßtypen herauskristallisiert, auf die die Kulturtöpfe im Handel standardisiert sind. Zum einen gibt es die Großgefäße, die – einzeln oder in Gruppen – in Dielen, großen Räumen, Büros oder Eingangshallen auf den Boden gestellt werden. Sie sind 22–23 cm hoch. Der zugehörige Kulturtopf mit 19 cm Normhöhe läßt noch genügend Raum für eine Abdeckung mit Blähton. Die Höhe der Pflanzen im Großgefäß kann durchaus 2 m oder mehr betragen.

Klein- oder Tischgefäße, gedacht für Fensterbänke, Regale, Schreibtische usw., sind selten höher als 12 oder 13 cm, die kleinsten sogar nur etwa 5 cm. Die Pflanzengröße in Tischgefäßen reicht von knapp 10 cm bis etwa 40 oder 50 cm. Die Maße der verschiedenen Kulturtöpfe variieren von jeweils 5 cm Durchmesser und Höhe bis maximal 18 cm Durchmesser und 12 cm Höhe. Generell gilt: Über ein Drittel der Gefäßhöhe darf der Wasserstand nie ansteigen.

Für welches Gefäß sollte man sich entscheiden? Kriterium für die Beantwortung dieser Frage ist die Pflanzengröße. Wollen Sie Gewächse von 60, 80 oder mehr Zentimeter Höhe, dann kommt nur ein Großgefäß in Frage, gleich ob Sie es direkt auf den Boden stellen oder mit Unterbauten auf die gewünschte Höhe bringen. Entscheiden Sie sich für eine Pflanze unter 50 cm Höhe, dann genügt meist ein Kleingefäß, das für sich allein stehen oder als Teil eines Arrangements in einer schönen Schale verwendet werden kann.

Im folgenden sind die üblichen Maße der Kulturtöpfe genannt. Weitere Angaben beziehen sich auf die Pflanzengröße, für die sich die einzelnen Töpfe besonders eignen.

Kulturtöpfe für Kleingefäße

- Kulturtopfhöhe 5 cm
  Durchmesser 5 cm, Maßangabe in Katalogen: 5/5 cm; für Jungpflanzen, kleine Stecklinge und Aussaaten; meist als Gittertopf angeboten, der den Wurzeln die Möglichkeit bietet, nach dem Verpflanzen in das Substrat des größeren Topfes zu wachsen. Der Gittertopf kann an der Pflanze bleiben, das Wurzelwachstum wird nicht behindert. Jungpflanzen im Gittertopf eignen sich stets gut für die Bepflanzung von Schalen.
- Kulturtopfhöhe 7 cm
  Durchmesser 9 cm, Maßangabe in Katalogen: 9/7 cm; für Kleinpflanzen bis zu einer Höhe von etwa 20 cm.
- Kulturtopfhöhe 9 cm
  Durchmesser 11 cm, Maßangabe in Katalogen 11/9 cm; für Kleinpflanzen bis zu einer Höhe von etwa 30 cm.
- Kulturtopfhöhe 12 cm
  Durchmesser 13, 15 und 18 cm. Übliche Maßangaben in Katalogen: 13/12 cm, 15/12 cm und 18/12 cm; für Pflanzen bis zu einer Höhe von 40 oder 50 cm.

Wie Sie sehen, geben die Zahlen vor dem Schrägstrich den Durchmesser an. An der Zahl hinter dem Schrägstrich erkennen Sie die Höhe des Kulturtopfs. Für Kleingefäßpflanzen sind verschieden hohe Kulturtöpfe notwendig, weil zum Beispiel eine kleine Jungpflanze in einem 12 cm hohen Gefäß schlecht mit Wasser versorgt wäre und außerdem verloren aussähe. Bei Pflanzen für Großgefäße kommt man jedoch mit einer Kulturtopfhöhe aus; die Zahl 19 hinter dem Schrägstrich signalisiert, daß es sich um eine Normhöhe für Großgefäße handelt.

Kulturtöpfe für Großgefäße

- Durchmesser 11 cm = 11/19 cm; dieser schmale Kulturtopf ist nur für Bodendecker geeignet. Er läßt sich gut für Großgefäße mit geringem Durchmesser verwenden, die nicht ausreichend Platz für den nächstgrößeren Topf mit dem Standardmaß 15/19 cm bieten.
- Durchmesser 15 cm = 15/19 cm; geeignet für Bodendecker und Beipflanzen in Arrangements, ferner für Solitärpflanzen von 60–80 cm Wuchshöhe. Hohe Pflanzen in zu kleinen Töpfen fallen leicht um. Mit zunehmender Pflanzenhöhe wählt man größere Durchmesser des Kulturtopfs. Dies gilt besonders für Einzelpflanzen. Für Arrangements

in größeren Gefäßen spielt diese Empfehlung jedoch kaum noch eine Rolle, denn hier bestimmt die Grundfläche des Gesamtgefäßes die Standfestigkeit.

- Durchmesser 18 cm = 18/19 cm; für Solitärpflanzen bis zu einer Höhe von 120 cm. Im Falle von schnellwachsenden Solitärs, wie *Ficus benjamina* oder *Schefflera*, können Sie sich aber auch für die nächste Topfgröße entscheiden.
- Durchmesser 22 cm = 22/19 cm; für Solitärpflanzen bis zu 160 cm.
- Durchmesser 32 cm = 32/19 cm; für große Solitärs und dicke Stämme von *Yucca* oder *Dracaena*.

Pflanzen in einem Großgefäß auszutauschen, kann recht mühsam sein, da die Blähtonkügelchen beim Herausnehmen der Kulturtöpfe zusammenrutschen. Es fällt dann schwer, die neue Pflanze direkt auf den Gefäßboden zu setzen. Eine Manschette, beim Anlegen der Pflanzung um die Kulturtöpfe gelegt, erspart viel Arbeit bei einem späteren Pflanzenaustausch. Die Verwendung von Manschetten empfiehlt sich vor allem, wenn man von vornherein weiß, daß bestimmte Pflanzen nach einer gewissen Zeit herausgenommen oder erneuert werden müssen. Außerdem erlauben sie es, die Pflanzen im Gefäß in jede Richtung zu drehen.

Standardmaße für Außengefäße

Bei den Kleingefäßen gibt es für jeden Kulturtopf ein genau passendes Außengefäß. Der Übersichtlichkeit halber entspricht die Angabe des Gefäßmaßes der des Kulturtopfes. So bezeichnet man das Außengefäß für den Kulturtopf 11/9 cm ebenfalls mit 11/9 cm, obwohl es natürlich etwas breiter und etwas höher ist.

Bei quadratischen oder länglichen Gefäßformen lautet die Angabe beispielsweise 20 x 60/12 cm: Das Gefäß ist 20 cm breit, 60 cm lang und eignet sich für Kulturtöpfe mit einer Höhe von 12 cm.

Bei Großgefäßen mit einheitlicher Höhe kann eine diesbezügliche Angabe entfallen. Nur eventuelle Sonderhöhen werden extra angegeben. Ansonsten werden sie einfach nach ihrem Außenmaß bezeichnet. So steht die Angabe „Rund 37“ für ein Gefäß mit einem Außendurchmesser von 37 cm. Maßangaben für Sechseckgefäße beziehen sich auf die Diagonale.

Populäre Maße für Großgefäße:

- Rund: RU 33, 37, 50, 70
- Quadratisch: 40 x 40, 50 x 50, 70 x 70
- Länglich: 35 x 70, 35 x 90, 30 x 80
- Sechseckig: SE 40, SE 55, SE 70

Kleingefäße

(rund)
9/7 cm, 11/9 cm, 13/12 cm,
15/12 cm, 18/12 cm, 32/12 cm

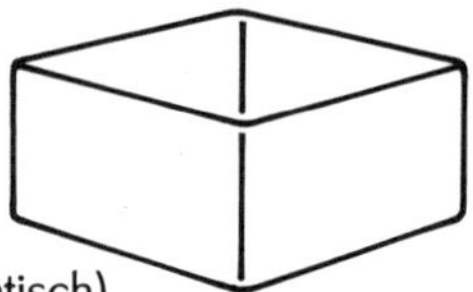

(quadratisch)
7 x 7/5 cm, 11 x 11/9 cm,
20 x 20/12 cm

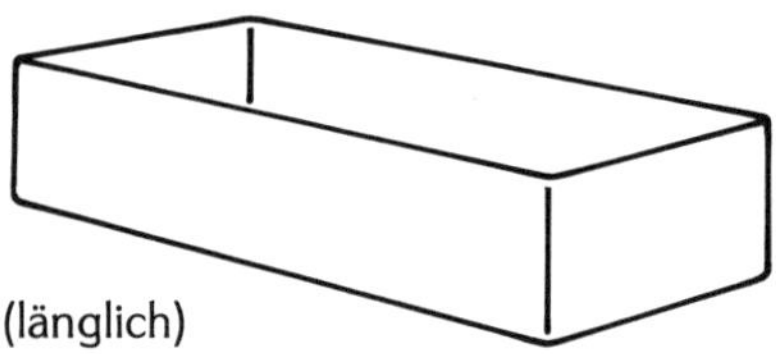

(länglich)
25 x 9/7 cm,
60 x 20/12 cm

Single-Gefäße für einzelnstehende Pflanzen

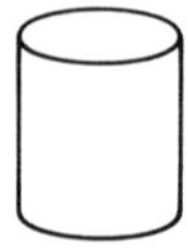

(rund)
15/19 cm, 18/19 cm, 22/19 cm

Großgefäße

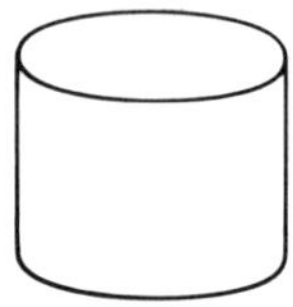

(rund)
25 cm, 37 cm, 50 cm, 70 cm

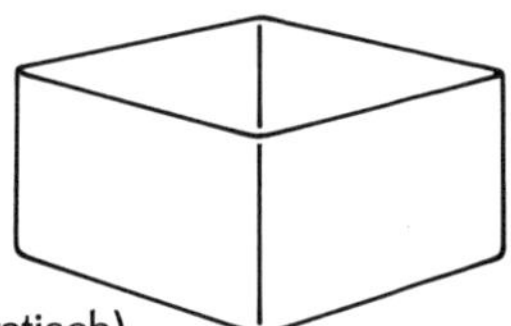

(quadratisch)
40 x 40 cm, 50 x 50 cm, 70 x 70 cm

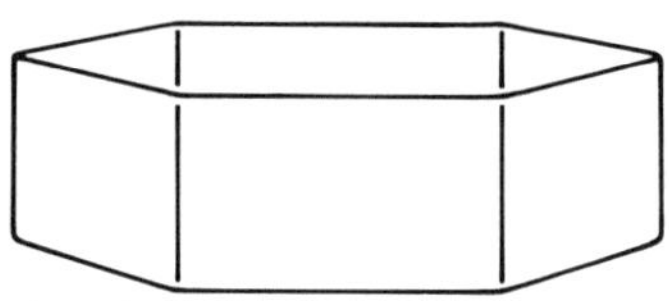

(sechseckig)
40 cm, 55 cm, 70 cm

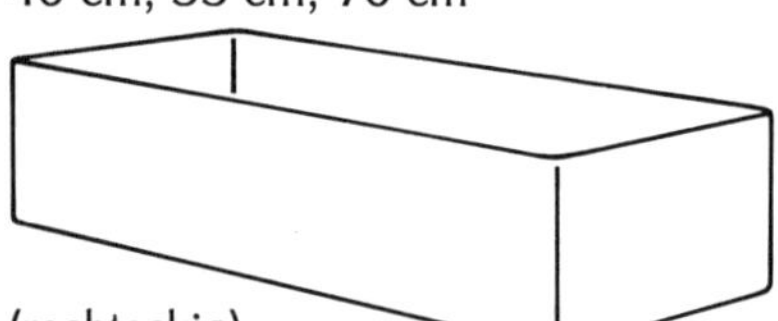

(rechteckig)
70 x 35 cm, 80 x 30 cm, 90 x 35 cm

Standardmaße für Außengefäße. Die Bezeichnung der Gefäßgröße richtet sich nach dem Maß des jeweiligen Kulturtopfs. Bei Klein- und Single-Gefäßen gibt die erste Zahl den Durchmesser an (zwei Zahlen einen rechteckigen Grundriß), die Zahl hinter dem Schrägstrich die Topfhöhe. Bei Großgefäßen erübrigt sich die Höhenangabe, da sie einheitlich hoch sind. Sechseckige Gefäße werden über die Diagonale gemessen

Materialien für Hydrogefäße

Form, Farbe und Material der Gefäße sind – wie viele andere Dinge auch – wechselnden Modetrends unterworfen. Beim Kauf orientieren Sie sich in erster Linie an persönlichen Vorlieben und an der Wohnungseinrichtung. Ungeachtet von Geschmacks- und Gestaltungsfragen ist auf zwei unabdingbare Eigenschaften zu achten: Gefäße für die Hydrokultur müssen absolut wasserdicht sein und dürfen keine schädlichen Chemikalien an die Nährlösung abgeben. Vorteilhaft ist zudem eine gewisse Robustheit und Schlagfestigkeit. Durchgesetzt haben sich vor allem zwei Werkstoffe: Kunststoff und hochwertig gebrannte Keramik, weniger oft anzutreffen sind Gefäße aus Holz, Korbgeflecht, Acrylglas oder Metall. Ab und zu findet man fest eingebaute Pflanzwannen. Wie Sie diese hydrogerecht gestalten, erfahren Sie auf Seite 17.

Kunststoff

Kunststoff bietet für Hydrokulturgefäße eine Menge Vorteile. Er ist preiswert, wasserdicht, chemisch neutral und läßt sich zu vielerlei Formen verarbeiten. Insbesondere die Großgefäße aus diesem Material zeichnen sich durch ein optimales Preis-Leistungsverhältnis aus. Großgefäße aus Kunststoff lassen sich stapeln und ausnahmslos mit Rollen am Unterboden ausstatten, so daß man Pflanzenarrangements leicht umstellen kann. Ein positiver Nebeneffekt dieser Mobilität: Die Rollen schaffen einen Zwischenraum zu sehr kalten oder zu warmen Böden; durch die Luftbewegung unter dem Gefäß können negative Einflüsse ausgeschaltet oder vermindert werden.

Keramik

Großgefäße aus Keramik sind selten, weil die Produktion nicht einfach und daher recht kostspielig ist. Sie wirken aber besonders edel und stellen eine echte Alternative dar. Kleingefäße aus Keramik werden zunehmend beliebter. Achten Sie aber auf hydrogerechte Qualität. Schlecht glasierte Billiggefäße können Probleme durch mangelnde Dichte oder durch Abgabe von giftigen Salzen bereiten. Erprobte Ware ist auch auf Haarrisse in der Glasur kontrolliert. Für den Fall, daß Sie ein Keramikgefäß auf ein wertvolles Möbelstück stellen, verhindern Filzfüßchen am Gefäßboden die unliebsamen Ringe auf dem Holz.

Holz, Rattan und Korbgeflecht

Gefäße aus wasserdurchlässigen Materialien werden mit Folie ausgekleidet oder erhalten ein wasserdichtes Innengefäß. Achten Sie darauf, daß die Wandstärken nicht zu dünn sind.
Für den Fall, daß Sie sich selbst eine Holzverkleidung basteln möchten, wählen Sie ein Maß, in das Sie ein Standardgefäß aus Kunststoff einpassen können. Ein kleiner Trick ermöglicht Ihnen, das Gefäß sowohl mit als auch ohne Rollen zu nutzen. Bringen Sie an den Querseiten der Verkleidung etwa 3 cm unterhalb der Ober- oder Unterkante je zwei Stahlstifte an. Soll Ihre Pflanzung einen festen Standort haben, dann drehen Sie die Holzverkleidung so, daß die Stifte nach unten kommen und stellen das Gefäß darauf. Wollen Sie ein mobiles Gefäß, befestigen Sie die Rollen am Unterboden und stülpen die Holzverkleidung so darüber, daß die Stifte an der Gefäßoberkante aufliegen.

Acrylglas

Wo Licht und Wasser zusammentreffen, bilden sich Algen. Durchsichtige Gefäße aus Acrylglas veralgen daher leicht und wirken dann sehr unschön. Um das Licht fernzuhalten, stellen Sie einen wasserdichten, kleineren Behälter, der die Nährlösung aufnimmt, in das äußere Acrylglasgefäß. Den Zwischenraum füllen Sie mit Blähton oder weißen Kieselsteinen auf.

Metall

Metallgefäße muß man mit einer Folie auskleiden oder mit einem chemikalienbeständigen Innenanstrich versehen, damit die Pflanzen nicht durch Abgabe von Metallionen an die Nährlösung geschädigt werden. Anstelle der Folie kann auch eine Kunststoffbeschichtung oder ein Kunststoffgefäß eingebracht werden, wobei letzteres wohl kaum in der passenden Form und/oder Größe vorhanden sein dürfte.

Oben: Pflanzen mit hohen Lichtansprüchen: Elefantenfuß *(Beaucarnea recurvata)*, Phönix-Palmen, Euphorbien (sukkulent), Fingeraralie (*Dizygotheca elegantissima*), Hibiskus, Kroton, Glanzkölbchen (*Aphelandra*), Ananas, Rosen, Steinbrech (*Saxifraga stolonifera*), *Kalanchoe*, Kakteen, Zwergpfeffer (*Peperomia*), Palmlilie (*Yucca*), Spindelstrauch (*Euonymus*) u. a.
Unten: Pflanzen mit mittleren Lichtansprüchen: Zimmerbirke und andere *Ficus*-Arten, Dracaenen (hellaubig), Cordylinen, Anthurien, Zwergkalmus (*Acorus*), Farne, Usambaraveilchen, Bromelien u. a.

hydro rotter
Sympathische Pflanzen – sympathische Preise
Schale 24
komplett bepflanzt
Stk. 42.-
E 3
40.-
hydro rotter

Eingebaute Pflanzwannen

Fest installierte Pflanzwannen sollten der Normhöhe der Gefäße entsprechen. Beim Einbau an Außenwänden ist auf eine gute Isolierung zu achten. Es hat schon Fälle gegeben, wo die Nährlösung eingefroren war. Daß tropische Pflanzen das nicht aushalten, liegt auf der Hand. In den Boden eingelassene Wannen versehen Sie rundum mit einer Kante, die unerwünschtes Einlaufen von Putzmitteln und anderen Flüssigkeiten verhindert.

Vorhandene Pflanzwannen sind oft zu tief für Hydropflanzen. Füllen Sie mit Blähton bis zu einer Tiefe von 22 cm zum oberen Rand auf und dichten Sie mit einer Folie ab. Beim Einsetzen der Pflanzen können Sie wie gewohnt verfahren, d. h. die Töpfe schließen mit der Oberkante der Wanne bündig ab.

Folien zum Auskleiden von nicht wasserdichten Gefäßen oder selbst gebauten Wannen sollten mindestens 0,5 mm stark sein. Gebräuchlich sind

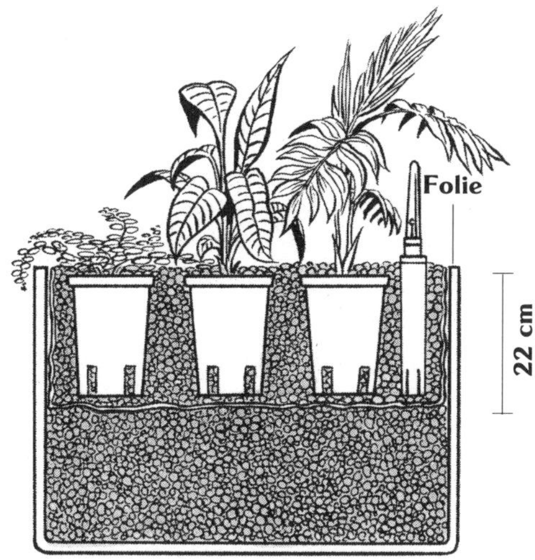

Zu tiefe Gefäße oder Pflanzwannen lassen sich mit einer Folie auf die Normhöhe von 22 cm bringen. Die Folienstärke sollte mindestens 0,5 mm betragen

Bau- und Schwimmbadfolien. Da sie anfällig gegen mechanische Beschädigungen sind, legt man sie vorsichtshalber doppelt. Im Gegensatz zu Folien für den Gartenteich, spielt bei Hydrokultur im Innenbereich die UV-Beständigkeit des Materials keine Rolle.

Oben: Pflanzen mit geringen Lichtansprüchen: Bergpalmen, Arekapalmen, *Philodendron*-Arten, Dracaenen (dunkellaubig), Kolbenfaden (*Aglaonema*), Dieffenbachie (dunkellaubig), Einblatt (*Spathiphyllum*), Marante, Klimme (*Cissus*), Fittonie, Purpurtute (*Syngonium*), Nestfarn, Efeutute (*Epipremnum*), Grünlilie, *Aeschynanthus* u. a.

Unten: Blick in eine Spezialgärtnerei für Hydrokultur. Nur in solchen Fachgeschäften bietet sich die Möglichkeit, aus dem breiten Sortiment an Pflanzen und Gefäßen auszuwählen

Denken Sie beim Zuschneiden der Folie daran, daß sie im Lauf der Zeit schrumpfen kann. Am besten, Sie bemessen die Folie reichlich, legen Sie in die Wanne, gruppieren dann die Pflanzen so, wie es Ihnen gefällt, plazieren den Wasserstandsanzeiger an einer geeigneten Stelle und füllen etwa bis zur Hälfte mit Blähton auf. Schneiden Sie erst dann mit einer Schere die Folie etwa 1–2 cm unter dem Gefäßrand ab. Anschließend füllen Sie den restlichen Blähton und das Wasser ein.

Wasserstandsanzeiger

Mit Hilfe des Wasserstandsanzeigers läßt sich der Flüssigkeitspegel im Hydrogefäß kontrollieren. Das Funktionsprinzip ist denkbar einfach. In einem Rohr befindet sich ein Schwimmer mit einem Anzeigestab, der im durchsichtigen Oberteil über die Höhe der Nährlösung informiert. An drei Markierungen kann man ablesen, ob die Pflanze genug, zu wenig oder zuviel Wasser hat. Oft erinnert eine zusätzliche Marke an den nächsten Düngetermin. Falls Sie Ihre Pflanzen mit Flüssigdünger ernähren, ist das für Sie allerdings ohne Bedeutung.

Für jede Kulturtopfhöhe gibt es einen Wasserstandsanzeiger in der passenden Länge. Die Bezeichnung richtet sich nach der Höhe des Kulturtopfs: so paßt ein Wasserstandsanzeiger 12 cm zu allen 12 cm hohen Kulturtöpfen.

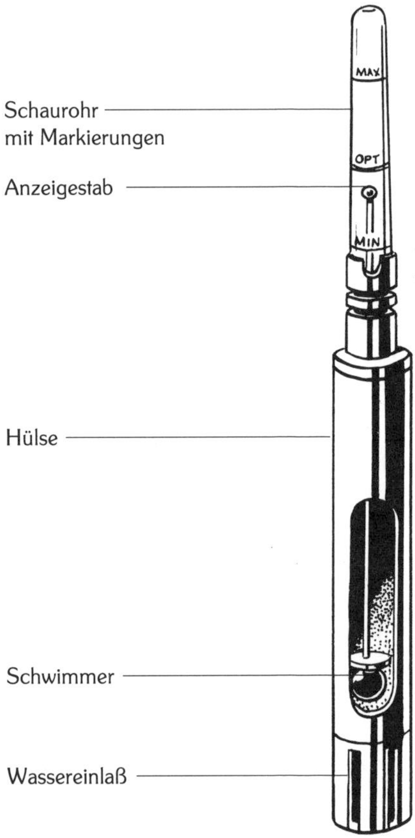

Bestandteile eines Wasserstandsanzeigers für Kleingefäße

Wasserstandsanzeiger für Großgefäße ermöglichen oft auch das Absaugen alter Nährlösung. Sie haben einen größeren Durchmesser, da das Absaugrohr in das Anzeigerohr integriert ist. Als besonders robust erwies sich ein Modell mit einem großflächigen Schwimmer aus wasserbeständigem Styropor.
Einzelheiten über die Wasserversorgung der Hydropflanzen sind im Pflegekapitel zu finden (Seite 42).

Blähton

Blähton ist nicht gleich Blähton. Dieses Material dient hauptsächlich als Zuschlagstoff für Leichtbeton in der Bauindustrie. Dort spielen pH-Wert und Salzgehalt keine Rolle – sehr wohl aber für unsere Pflanzen.
Für die Hydrokultur kommen allerdings nur Blähtonarten in Frage, die keine schädlichen Stoffe oder Salze in zu hohen Konzentrationen enthalten. Kaufen Sie nur Marken, die für die Pflanzenhaltung getestet sind, wie zum Beispiel „Lecaton".
Besonders häufig werden Körnungen zwischen 8 und 16 mm verwendet. Feinere Körnungen zwischen 4 und 8 mm eignen sich vor allem für Sämlinge, Stecklinge und Jungpflanzen in kleinen Töpfen bis 11 cm Durchmesser. Teilweise wird auch die Körnung 2–4 mm angeboten. Pflanzen, die in solchen Körnern kultiviert werden, können Sie leichter vergießen, da ihnen das vergleichsweise große Luftvolumen bei Verwendung von größerer Körnung fehlt. Die Erscheinungen sind die gleichen, wie wir sie von vergossenen Pflanzen in Erdkultur kennen: die Wurzeln werden braun, verfaulen, und die Pflanzen sterben ab. Die Körnung 2–4 mm eignet sich ausgezeichnet als umweltfreundliches Streumaterial bei Glatteis, ist aber in der Hydrokultur allenfalls für die Vermehrung von Pflanzen aus feinem Saatgut oder für die Bewurzelung von Stecklingen brauchbar.
Für alle Pflanzen, die empfindlich auf übermäßige Feuchtigkeit im Wurzel-

Der für die Hydrokultur besonders geeignete Blähton besitzt eine ideale Luft- und Wasserführung durch die großen Poren im Innern der Körner und durch die Mikroporen an der Oberfläche

bereich reagieren, empfiehlt sich die Körnung 8–16 mm. Sie bietet den Wurzeln viel Raum für Luft und Sauerstoff. Zudem ermöglichen es die großen Hohlräume den Pflanzen einen höheren Wasservorrat bereitzustellen.

Übrigens: Gebrauchter Blähton kann ohne weiteres wiederverwendet werden, es sei denn, er kam in Berührung mit kranken Pflanzen. Falls er verschmutzt ist, spült man ihn erst einmal durch.

Nährlösung und Dünger

Eine kalibetonte Düngung mit ausreichend Spurenelementen stärkt die Haltbarkeit der Pflanzen in Hydrokultur. Als optimal gelten folgende Werte je Liter fertiger Nährlösung: 60–100 mg Stickstoff in Ammonium- und Nitratform, ca. 30 mg Phosphor, 120–180 mg Kali, ca. 100 mg Calcium, dazu Magnesium. Der Eisengehalt sollte nicht unter 1–2 mg liegen. Ein Überfluß an Ballastionen Chlor und Sulfat kann sich schädlich auswirken. Auch zuviel Zink oder andere Metalle verursachen Schäden, die oft das Absterben der Pflanze nach sich ziehen.

Der pH-Wert, die Maßeinheit für das Verhältnis von sauren und basischen Bestandteilen einer Nährlösung, liegt für die meisten Pflanzen am günstigsten im schwachsauren Bereich zwischen 5 und 6,5. Basische Werte über pH 7 hemmen die Aufnahme des Spurenelementstoffs Eisen. Die Pflanze tut sich dann schwer, Blattgrün aufzubauen. Vor allem die jungen Blätter werden hell, nur noch um die Adern bleibt es bei einem dunklen Grün. Ganz schlimm wirken sich pH-Werte über 8 aus; sie führen fast immer zu Schäden an den Pflanzen. Bei zu saurem Wasser (pH-Wert unter 5,0) kann es zu Wurzelschäden kommen. Praktische Hinweise zur Düngung finden Sie im Kapitel „Die richtige Pflege“ (Seite 43).

Soweit der kurze Aufriß zu den Grundlagen der Hydrokultur. Jetzt wollen wir uns den Pflanzen zuwenden, zunächst der Frage, wie wir mit Pflanzen gestalten.

Mit Pflanzen gestalten

Pflanzen verschönern das Leben. Pflanzen in Ihren Wohn- oder Arbeitsräumen sollen das Auge erfreuen und vielleicht ganz nebenbei etwas für Ihre Gesundheit tun. Für die Psyche sind sie allemal gut; sie entspannen und entkrampfen. Das friedliche Grün strömt Ruhe aus, auch deshalb fühlt man sich mit Pflanzen wohl. Sie nehmen nackten oder spärlich möblierten Räumen die Kühle, und selbst ein schön eingerichtetes Wohnzimmer sieht gleich viel behaglicher aus.

Grundsätze der Raumbegrünung

Wie und nach welchen Gesichtspunkten wollen Sie Ihre Pflanzen auswählen? Das hängt zunächst einmal vom Raum ab, den Sie pflanzlich einrichten. Mit den folgenden vier Fragen klären Sie die Grundsätze für Ihre grüne Umgebung im Haus:

1. Handelt es sich um einen großen, mittleren oder kleinen Raum?
2. Wollen Sie viel Grün oder nur ein paar lebende Farbtupfer?
3. Wieviel Platz wollen oder können Sie Ihren Pflanzen einräumen?
4. Bevorzugen Sie eine einheitliche Gestaltung oder lieben Sie die bunte Vielfalt?

Entscheidungshilfen:

1. Große Räume verlangen große Pflanzen. Es macht – überspitzt gesagt – keinen Sinn, in einer 6 m hohen Halle eine Hauptpflanze von nur 1 m Höhe aufzustellen. Die Wirkung wäre gleich Null. Das gilt sinngemäß auch für mittelgroße Räume. Andererseits sind in kleinen Räumen nur kleine Bepflanzungen möglich, vielleicht nur Kleingefäße auf der Fensterbank, auf Regalen und Tischen oder Hängepflanzen in Ampeln.
2. Üppiges Grün ist wunderschön. Sind Sie vielleicht, genau wie ich,

ein „Dschungeltyp“? Ich habe zur Zeit eine Palmenwand neben meinem Schreibtisch, und auf der anderen Seite auf der Fensterbank stehen mehrere Drachenbäume. In dieser Umgebung fühle ich mich pudelwohl. Andere machen sich nicht viel aus Pflanzen. Ihnen genügt eine geringfügige Aufbesserung der optischen Raumwirkung. Das ist letztlich Geschmackssache.

3. Für viel Grün benötigen Sie etwas Platz, aber eigentlich nicht zu viel. Wenn Sie sich nach Dschungelatmosphäre sehnen, gibt es sicherlich viele Möglichkeiten, sie herbeizuführen. Es finden sich immer freie Stellen. Die Chance, Ihre Räume phantasievoll zu gestalten, liegt bei Ihnen. Bedenken Sie, daß die Pflanzen, mit denen man lebt, wie eine persönliche Visitenkarte nach außen wirken; mit Pflanzen repräsentiert man sich selbst.
4. Viele wählen zu unterschiedliche Pflanzen aus, um einen Raum zu gestalten. Und wundern sich nachher, daß der große Effekt ausbleibt. Überlegen Sie doch einmal: Wie würde eine Allee aussehen, in der jeder Baum verschieden vom anderen wäre? Da ginge die große Linie verloren. Im Großen zeigt sich der Meister in der einheitlichen Gestaltung aus einem Guß. Weniger ist meist mehr. Wer sich in einem Vielerlei wohler fühlt, kann sich natürlich dafür entscheiden, sollte aber daran denken, daß die großzügige, „überwältigende“ Wirkung verlorengeht.

   Das sagt nichts gegen kleine, überraschende Effekte. Auch im großen Maßstab mit klarer Bepflanzungslinie kann eine unerwartete Abwechslung für einen heiteren, optischen Akzent sorgen – beispielsweise als Farbtupfer eine blühende Orchidee auf der Fensterbank oder der rote Farbklecks einer Blüte der Flamingoblume.

   Im Gegensatz zu großen Räumen vermag auf kleinerem Raum eine lebendige Vielfalt ungeheuer erfrischend zu wirken, solange jede Einzelpflanze gut zur Geltung kommt. Hier erwartet das Auge Abwechslung, und viele verschiedene Pflanzen machen einen kleinen Raum durchaus interessanter.

Haben Sie sich entschieden? Ich würde Ihnen raten: Für die Begrünung kleiner Räume tragen Sie ganz nach Ihrem persönlichen Empfinden und einfach nach Laune Pflanzen zusammen. Bei großen Räumen achten Sie auf die klare Linie und planen hier und da einen Blickfang ein, etwas, was sich abhebt – nicht zu groß, aber unübersehbar.

Solitär oder Arrangement?

Einheit oder Vielfalt? Diese Frage stellt sich Ihnen auch, wenn Sie nur ein einzelnes Gefäß bepflanzen wollen. Bevorzugen Sie eine Einzelpflanze als Solitär oder ein Arrangement aus verschiedenen Gewächsen?

Als Solitär bezeichnet man große Einzelpflanzen. Teilweise sind mehrere Pflanzen einer Art zu Gruppen vereinigt. Der Fachmann nennt das Tuff. Tuffs sind üblich bei Pflanzenarten wie z. B. *Schefflera arboricola*, die als einzelnes Gewächs nur sehr schmal und aufrecht in die Höhe wächst. Zwei oder drei Pflanzen in einem Gefäß bieten einen viel schöneren Anblick. Typische Solitärs sind große verzweigte Stämme, zum Beispiel von *Yucca* und *Dracaena*, oder Hochstammkugeln, etwa von *Ficus benjamina*. Sie wirken durch ihr dominantes Aussehen und brauchen keine Beipflanzen. Man unterpflanzt sie allenfalls mit Bodendeckern oder verziert das Gefäß mit einem schönen Naturstein oder einer reizvollen Wurzel.

In großen Räumen würde ich den Solitärs wegen ihres optischen Gewichts den Vorzug geben vor Arrangements, in denen mehrere Pflanzen gruppiert sind und wo die Wirkung der Einzelpflanze nur in Bezug zur gesamten Pflanzung erzielt wird. In kleineren Räumen haben Arrangements eher die Chance, sich harmonisch zu ergänzen und ihre volle Schönheit zu entfalten. Sie haben sich für ein Arrangement entschieden? Dann stellt sich die nächste Frage: Wie arrangieren Sie Ihre Pflanzung?

Die dominierende Pflanze prägt den Charakter des Arrangements. Sie gibt dem Ganzen ein Gesicht. Ihr ordnen Sie niedrigere, zur Seite weichende Arten zu – nicht zu bunt, denn auch hier gilt: weniger ist meist mehr. Als Unterpflanzen überspielen Bodendecker den kahlen Gefäßrand und schaffen so eine Einheit aus Pflanzen und Gefäß.

Diese großblättrige Strahlenaralie wirkt als Tuffpflanze besonders eindrucksvoll

Die Höhe der einzelnen Pflanzen wählen Sie am besten nach der Regel des goldenen Schnitts. Ein Beispiel: Angenommen, Ihre Hauptpflanze ist 120 cm hoch, dann stufen Sie die Beipflanzen auf ungefähr 90, 60 und 30 cm ab.

Damit Ihre Pflanzung auch noch nach längerer Zeit einen guten Gesamteindruck hinterläßt, dürfen die Beipflanzen die höheren nicht überwachsen. Als Beipflanzen eignen sich daher keine Schnellwachser, es sei denn, man wählt ein Arrangement aus unterschiedlich großen Exemplaren einer Pflanzenart. Auch eine solche einheitliche Gemeinschaft kann sehr reizvoll aussehen.

Quellbrunnen und Hydrokultur bilden eine ideale Ergänzung, um die Luftfeuchtigkeit in Wohnräumen zu erhöhen. Wie Sie Quellbrunnen in eine Bepflanzung integrieren, erfahren Sie im Kapitel „Gesundes Raumklima durch Hydrokultur“ (Seite 40).

Soviel zu den Grundsätzen der Gestaltung. Sie gelten sowohl für große Arrangements wie auch für kleine Pflanzschalen. Welche Pflanzen wählen Sie aus? Das hängt zunächst einmal von Ihrem persönlichen Geschmack und Ihren finanziellen Möglichkeiten ab, aber auch von den Ansprüchen der einzelnen Pflanzenarten an Licht und Temperatur.

Pflanzenkauf und Standortansprüche

Einflußfaktor Lichtbedarf

Bevor Sie eine Bepflanzung zusammenstellen, ist der vorgesehene Standort hinsichtlich der Lichtverhältnisse unter die Lupe zu nehmen.

Licht gibt Ihren Pflanzen Kraft zum Leben und Wachsen. Wußten Sie, daß es für die Pflanzen eine Stoffbilanz gibt? Die Pflanze muß mehr Stoffe aufbauen, als sie zum Überleben braucht. Zwar spielen dabei auch die Temperatur, der Kohlendioxydgehalt der Luft sowie die Versorgung mit Wasser und Nährstoffen eine Rolle, aber ohne reichlich Lichtenergie, die das Blattgrün (Chlorophyll) aufnimmt, kommt der lebensnotwendige Stoffwechsel zum Erliegen. Erst ausreichend Licht bringt die Stoffbilanz in die „positiven Zahlen“, die das Wachstum garantieren.

Grundsätzlich gilt: Je heller ein Standort, um so besser können sich die Pflanzen entfalten. Je höher die Temperatur, desto mehr Licht braucht die Pflanze, weil ihr Stoffwechsel bei höheren Temperaturen mehr Energie verbraucht. Diese Energie holt sie sich über ihren Lebensvorgang Assimilation (auch Photosynthese genannt). Bei der Assimilation bildet die Pflanze aus Wasser, Nährstoffen und Kohlendioxyd die Baustoffe Zucker, Stärke, Eiweiß und Fette. Außerdem gibt die Pflanze – wichtig für unser Leben und unsere Gesundheit – Sauerstoff ab. Wird die Stoffbilanz negativ und gerät in die „roten Zahlen“, stößt die Pflanze Blätter ab.

Die Stoffbilanz ist keine konstante Größe. Sie kann sogar für die verschiedenen Blätter einer Pflanze unterschiedlich ausfallen. Oft werden Blätter auf der lichtabgewandten Seite abgestoßen, während die Pflanze an der Spitze neue Triebe bildet.

Lichtmangel zeigt sich teilweise an abgeworfenen Blättern, manchmal an einer helleren Blattfarbe oder an einem sogenannten geilen Wuchs. Die Fachsprache bezeichnet damit ein Phänomen, das durch dünne, lange Triebe und kleine bis kleinste Blätter gekennzeichnet ist.

Wählen Sie für Ihre Pflanzen einen Platz, der mindestens 500–800 Lux bietet, besser mehr. (Lux ist die Maßeinheit für die Beleuchtungsstärke. Sie beträgt 1 Lux, wenn eine 1 m^2 große Fläche gleichmäßig von einem Lichtstrom mit der Stärke 1 Lumen beleuchtet wird.)

Luxmeter geben Auskunft über die Lichtmenge, die Ihren Pflanzen am jeweiligen Standort zur Verfügung stehen. Die Zahl, die ein Luxmeter angibt, scheint exakt, ist es aber nicht wirklich. Je nachdem, ob Sie im Sommer oder Winter, um 8, 12 oder 17 Uhr messen, an einem sonnigen oder regnerischen Tag, das Ergebnis wird jeweils unterschiedlich ausfallen. Messen Sie sicherheitshalber an bewölkten Tagen; nur dann erhalten Sie aussagekräftige Werte.

Wichtig wird die Lichtmessung, wenn Sie verschiedene Standorte im Raum bezüglich ihrer Eignung für Pflanzen miteinander vergleichen. Bei solchen Vergleichsmessungen sollten Sie folgendes beachten:

- Die Lichtintensität nimmt im Quadrat zur Entfernung ab. 2 m vom Fenster entfernt erhalten die Pflanzen nur noch ein Viertel der Lichtmenge wie direkt auf der Fensterbank, in 3 m Entfernung ist es lediglich noch ein Neuntel.
- Die verschiedenen Pflanzenarten stellen unterschiedliche Lichtansprüche. Von der richtigen Auswahl im Hinblick auf den Standort hängen gutes Wachstum und Haltbarkeit Ihrer Pflanzen ab. Die Tabelle zum Lichtbedarf ausgewählter Pflanzen (Seite 28/29) kann nur Anhaltspunkte und Mittelwerte liefern. Im Zweifelsfall wählen Sie solche Pflanzenarten aus, die weni-

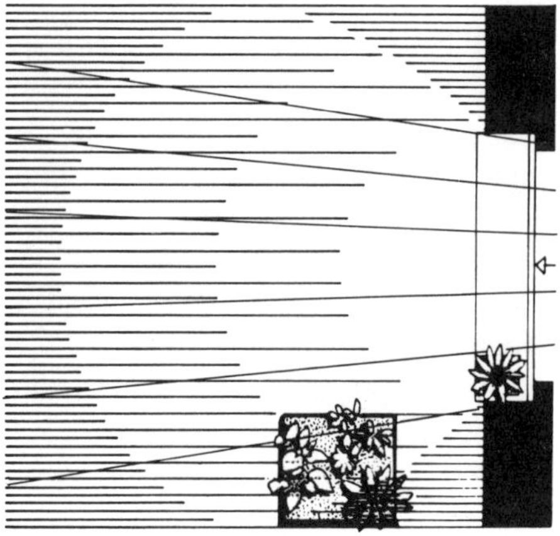

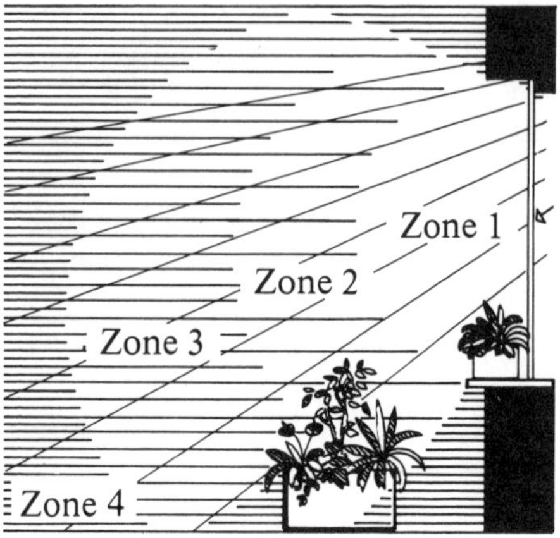

**Günstige und ungünstige Pflanzenstandorte in einem Zimmer mit einem Fenster (links Draufsicht, rechts Querschnitt):
Zone 1 – hell bis starke Sonne: Optimal für die meisten Grün- und Blattpflanzen; an Südfenstern nur sonnenverträgliche Arten, oder man muß schattieren
Zone 2 – halbschattig: Für eine reiche Auswahl an Grünpflanzen
Zone 3 – schattig: Für schattenliebende Pflanzen oder Zusatzlicht verwenden
Zone 4 – dunkel: Ohne Zusatzlicht können die Pflanzen nur kurze Zeit überdauern**

ger empfindlich auf unzureichende Lichtverhältnisse reagieren.
Die Lichtintensität der Sonne ist im Winter um ein Vielfaches geringer als im Sommer. Wo Pflanzen in der warmen Jahreszeit noch optimale Wachstumsbedingungen vorfanden, müssen sie im Winter mit einem Bruchteil der früheren Lichtmenge auskommen und eventuell ums Überleben kämpfen. Die Tage sind kürzer und trüber, die Strahlungsenergie der Sonne reduziert sich auf ein Fünftel bis ein Zehntel der im Sommer gemessenen Werte.

An zu dunklen Stellen sorgt eine Pflanzenleuchte für das lebensnotwendige Licht. Künstliche Beleuchtung ist oft nur während der Winterzeit erforderlich, in ganz düsteren Ecken durchaus das ganze Jahr über.
Glühlampen eignen sich nicht, denn ihr Licht enthält einen viel zu hohen Rotanteil. Dagegen strahlen Quecksilberdampf-Hochdrucklampen (HQL) ein ideales Lichtspektrum ab und verbrauchen weitaus weniger Strom. Sie sind zwar in der Anschaffung nicht ganz billig, haben aber etwa die sechsfache Lebensdauer.

Wo das natürliche Licht nicht ausreicht, ist eine Zusatzbeleuchtung erforderlich. Die abgebildeten Pendelleuchten sind in der Höhe verstellbar

Schwenkbare Pflanzenleuchten sind mit einem Wandhalter ausgestattet. Generell ist darauf zu achten, daß auch die unteren Pflanzen genügend Licht erhalten

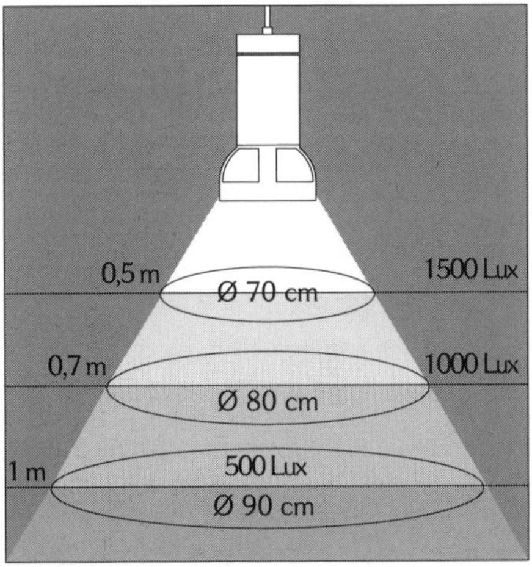

Beleuchtungsstärke und Lichtverteilung einer Quecksilberdampf-Hochdrucklampe (OSRAM Floraset, 80 Watt) in Abhängigkeit von der Aufhängungshöhe

Die tägliche Beleuchtungsdauer wird zweckmäßigerweise über eine Schaltuhr gesteuert. Sie liegt zwischen 6 und 12 Stunden, je nachdem, ob und wie intensiv natürliches Licht vorhanden ist oder ob die Pflanzen nur mit Kunstlicht auskommen müssen. Bei Verwendung von schwachen Lampen muß unter Umständen bis zu 16 Stunden belichtet werden.

Alle Lampen strahlen neben Licht auch Wärme ab. Das kann Brennflecken auf den Blättern verursachen. Achten Sie deshalb auf einen ausreichenden Abstand zwischen Lichtquelle und Pflanze: 60 cm sollten möglichst nicht unterschritten werden.

Hydropflanzen mit hohen Lichtansprüchen (empfohlene Lichtmenge 2500–5000 Lux)		
Botanischer Name	**Deutscher Name**	**Absoluter Minimalbedarf in Lux**
Aphelandra	Glanzkölbchen	1000
Beaucarnea	Elefantenfuß	1000
Cactaceae	Kakteen	2500
Codiaeum	Kroton, Wunderstrauch	1000
Coleus	Buntnessel	1000
Dizygotheca	Fingeraralie	1500
Euphorbia milii	Christusdorn	2500
Hibiscus	Roseneibisch	1000
Phoenix canariensis	Dattelpalme	1000
Yucca	Palmlilie	1500
Hydropflanzen mit mittleren Lichtansprüchen (empfohlene Lichtmenge 1000–2500 Lux)		
Anthurium	Flamingoblume	600–1000
Araucaria	Zimmertanne	750
Asparagus	Zierspargel	500–750
Begonia	Schiefblatt	500–1000
Bromeliaceae	Bromeliengewächse	750–800
Clivia	Klivie	500–700
Coffea arabica	Kaffeestrauch	750
Cyperus	Zypergras	1000
Dieffenbachia	Dieffenbachie	500–700
Dracaena marginata	Drachenbaum	500–600
Dracaena reflexa	Drachenbaum	650
Ficus benjamina	Birkenfeige	800–1000
Ficus elastica	Gummibaum	600–1000
Ficus lyrata	Geigenfeige	400–750
Ficus pumila	Kletterfeige	500
Gardenia	Gardenie	500–750

Botanischer Name	Deutscher Name	Absoluter Minimalbedarf in Lux
Hoya	Wachsblume	600–750
Nephrolepis	Schwertfarn	750–1000
Pandanus	Schraubenbaum	600–800
Peperomia	Zwergpfeffer	800–1000
Saintpaulia	Usambaraveilchen	800
Sansevieria	Bogenhanf	500–1000
Tetrastigma	Kastanienwein	500
Tradescantia	Tradeskantie	1000
Hydropflanzen mit geringen Lichtansprüchen (empfohlene Lichtmenge 800–1000 Lux)		
Aglaonema	Kolbenfaden	200–400
Anthurium paraguayense	Flamingoblume	200–300
Calathea	Korbmarante	500
Chamaedorea elegans	Bergpalme	300–500
Cissus	Klimme	500–750
Cordyline fruticosa	Keulenlilie	700–750
Dracaena deremensis	Drachenbaum	300–600
Dracaena fragrans	Drachenbaum	300–350
Epipremnum	Efeutute	300–400
Fatsia	Zimmeraralie	500–1000
Hedera	Zimmerefeu	500–1000
Howeia	Kentiapalme	500
Maranta	Marante, Pfeilwurz	500–800
Philodendron scandens	Kletter-Baumfreund	300–400
Philodendron (andere Arten)	Baumfreund	500–800
Schefflera actinophylla (Brassaia actinophylla)	Strahlenaralie (großblättrig)	400–650
Schefflera arboricola	Strahlenaralie	600–1000
Spathiphyllum	Einblatt, Blattfahne	300–500
Syngonium	Purpurtute	400

Einflußfaktor Temperatur

Wie wir im vorigen Kapitel erfahren haben, stellen die einzelnen Pflanzenarten teilweise höchst unterschiedliche Ansprüche an ihre Versorgung mit Licht. Die Anforderungen an die Temperatur weichen hingegen weit weniger voneinander ab, denn die meisten unserer Zimmerpflanzen kommen aus den Tropen. Sie lieben Temperaturen um oder leicht über 20 °C, kurzzeitig kommen sie auch mit 16–18 °C aus. Genaue Angaben zu Temperaturansprüchen einzelner Pflanzen finden Sie in der Übersicht „Bewährte Hydropflanzen von A bis Z“ (Seite 70–76). Meist bieten unsere Wohn- und Arbeitsräume den optimalen Temperaturbereich, ganz selten werden die erforderlichen Wärmegrade überschritten, aber häufig müssen die Pflanzen mit niedrigeren Temperaturen auskommen, etwa im Eingangsbereich eines Hauses, im ungeheizten Flur oder im Treppenhaus.

Wollen Sie einen kühleren Standort begrünen? Dann meiden Sie grundsätzlich alle wärmebedürftigen Pflanzen wie Drachenbaum (*Dracaena marginata*), Schraubenbaum (*Pandanus*) oder Kroton (*Codiaeum*). Folgende Gewächse tolerieren niedrigere Temperaturen und reagieren wenig empfindlich auf kalte Zugluft:

Araucaria, Zimmertanne	3–10 °C
Aucuba, Aukube	verträgt sogar leichte Fröste
Chamaedorea elegans, Bergpalme	nicht unter 12°C
Cordyline indivisa, Keulenlilie	ab ca. 12°C
Euonymus, Spindelstrauch	6–10°C
Fatsia, Zimmeraralie	6–10°C
Ficus australis, Australische Feige	10–12°C
Ficus pumila, Kletterfeige	5–10°C
Hedera, Zimmerefeu	5–10°C
Howeia, Kentiapalme	ältere Pflanzen bis 6°C
Nerium, Oleander	2–10°C
Schefflera actinophylla, Strahlenaralie	nicht unter 12°C
Yucca, Palmlilie	5–10°C

Die genannten Pflanzenarten fühlen sich an kühlen Standorten teilweise sogar wohler und werden dann auch seltener von Schädlingen befallen. Warme und trockene Luft führt häufig zu Spinnmilbenbefall. Vor allem Bergpalmen und *Euonymus* sind hiervon besonders betroffen. Vermeiden Sie jedoch Temperaturen unter dem Gefrierpunkt. Wo direkt an einer Eingangstür winterliche Kaltluft über die Blätter streicht, sind Schäden sehr wahrscheinlich.

Denken Sie bitte auch daran, daß die Pflanzen – wie wir Menschen – sich nur langsam an neue Verhältnisse gewöhnen. Jeder abrupte Wechsel bewirkt einen Schock. Das gilt nicht nur, wenn Sie Ihre Pflanzen plötzlich kühleren Temperaturen aussetzen, es gilt auch für den Wechsel vom kalten zum warmen Stand.

Eine *Yucca elephantipes* z. B. reagiert mit dem Absterben von mehreren Blattkränzen, wenn Sie sie von heute auf morgen aus einer Diele mit 5 °C in einen Raum mit einer Temperatur von 22 °C stellen.

Geben Sie den Pflanzen also Gelegenheit, sich langsam an eine niedrigere oder höhere Umgebungstemperatur zu gewöhnen.

Häufig stehen Pflanzen nur vorübergehend zu kühl. Wann immer wärmebedürftige Pflanzen kurzzeitig mit niedrigeren Temperaturen auskommen müssen, verbrauchen sie viel weniger Nährlösung. Halten Sie den Wasserstand so niedrig wie möglich (nicht mehr als 1 cm!). Das verringert die Schadensanfälligkeit und hilft Ihren Pflanzen, widrige Umstände auszuhalten; ihnen wurde quasi „eine Diät verordnet".

Gefährdet sind vor allem Pflanzen mit dickfleischigen Wurzeln wie das Fensterblatt (*Monstera*) und der Drachenbaum (*Dracaena marginata*). Kühle Nährlösung mit nicht abgesenktem Wasserstand läßt die Wurzeln in kürzester Zeit faulen. Kritisch sind die Zeiten kurz vor und nach der Heizsaison, in denen die Raumtemperatur nachts mitunter stark sinkt. Gießen Sie besonders vorsichtig, füllen Sie lieber öfter kleinste Wassermengen nach! Ein Zuviel an Wasser kann schädlich bis tödlich sein.

Eine andere Möglichkeit: Geben Sie Ihren Hydrokulturpflanzen eine Extra-Heizung wie im folgenden Beispiel aus Tirol. Dort schließen manche Hotels nach der Sommersaison. Bis zur Skizeit im Winter wieder geöffnet wird, vergehen mehrere Wochen. Die Zimmer bleiben während dieser Zeit ungeheizt, so daß die Pflanzen viel zu

Bei niedrigen Temperaturen hält man den Wasserstand äußerst niedrig. Andernfalls droht Wurzelfäule. Wärmeliebende Pflanzen wie das Fensterblatt sind besonders gefährdet

niedrigen Temperaturen ausgesetzt sind. Hier helfen Heizmatten, die man vor dem Bepflanzen auf den Gefäßboden legt und bis zum Beginn der Wintersaison an die Steckdose anschließt. Die Pflanze verlangt vor allem im Wurzelbereich eine für sie angenehme Temperatur. An den Blättern toleriert sie durchaus größere Schwankungen. Solche Heizmatten sind VDE-geprüft und erwärmen bei geringem Stromverbrauch direkt die Nährlösung. Sie lassen sich auch nachträglich unter das Gefäß legen. Ein Thermostat vermeidet etwaige Überhitzung.

Nicht nur zu niedrige, auch überhöhte Temperaturen im Wurzelbereich sind schädlich. In solchen Fällen steht das Gefäß mit Hydrokulturen meist auf dem beheizten Fußboden oder über einem Heizkörper, so daß sich die Nährlösung auf Temperaturen über 26 °C erwärmt. Als Folge leiden die Wurzeln unter Sauerstoffmangel und die Pflanzen werden krank. Zwei Gegenmaßnahmen bieten sich an: Montieren Sie Rollen unter das Gefäß, damit sich die Wärme nicht unter den Pflanzen staut, sondern nach oben abziehen kann, oder schirmen Sie die Nährlösung gegen den Warmluftstrom ab, indem Sie eine dünne Styroporplatte unter das Gefäß legen.

Fazit: Schützen Sie Ihre Pflanzen vor zu niedrigen, aber auch vor zu hohen Temperaturen. Gut verträglich ist ein Bereich zwischen 18 und 22 °C.

Einige Beispielarrangements

Nachdem Sie wissen, für welchen Standort Sie Ihre Pflanzung auswählen, die Ansprüche der wichtigsten Gewächse an Licht und Temperatur kennen und sich für eine bestimmte Gefäßgröße und -form entschieden haben, können Sie mit der Gestaltung Ihrer Pflanzung beginnen. Prüfen Sie, bevor Sie sich endgültig für bestimmte Pflanzen entscheiden, noch einmal, welche Verhältnisse am vorgesehenen Standort herrschen – viel oder wenig

Oben links: Für Jungpflanzen sind Miniaturgefäße (7 x 7 cm) gut geeignet
Oben rechts: Solitärpflanzen im Keramikgefäß: Buntblättrige Zimmerbirke *(Ficus benjamina)*, rechts ein Drachenbaum *(Dracaena marginata)*

Unten: Kleine Pflanzenlandschaften in Tischgefäßen, arrangiert mit je einer Leit- und einer Beipflanze sowie einem Ranker. Kombiniert sind jeweils Gewächse, die gleiche Ansprüche an Licht und Temperatur stellen

Licht, eher kühle oder eher warme Temperaturen usw.
Zunächst wählen Sie die dominierende Hauptpflanze aus: Gut geeignet für helle Standorte sind *Ficus benjamina* (grün oder buntblättrig), *Yucca*-Stämme oder Arekapalmen. Als Hauptpflanzen für mittelhelle Standorte lassen sich u. a. *Ficus cyathistipula* oder *Ficus panduriformis*, *Dracaena fragrans* 'Massangeana', *Schefflera arboricola* oder *Philodendron erubescens* 'Red Emerald' verwenden. An schattigen Standorten können *Monstera*, *Philodendron tuxtlanum*, *Dracaena-fragrans*-Stämme oder Kentien die Pflanzen Ihrer Wahl sein.
Falls Sie Ihr Gefäß mit Rollen ausstatten möchten, bringen Sie diese an, bevor Sie die Pflanzen arrangieren. Eine Montage nach der Pflanzung ist schwierig und umständlich.
Stellen Sie die Hauptpflanze in das Gefäß und suchen Sie nun die passenden Beipflanzen aus. Einer Birkenfeige (*Ficus benjamina*) können Sie für helle Plätze einen Kroton (*Codiaeum variegatum*) zuordnen, für einen schattigeren Standort käme ein Kolbenfaden (*Aglaonema commutatum*) in Kombination mit einer Strahlenaralie (*Schefflera*) oder einem Baumfreund (*Philodendron*) in Frage.
Als Bodendecker oder Ranker eignet sich die Kletterfeige (*Ficus pumila*) gut für hellen Stand, die Efeutute (*Epipremnum pinnatum*) verträgt einen weiten Helligkeitsbereich von leicht sonnig bis schattig, *Philodendron scandens* fühlt sich an dunkleren Plätzen wohl.
Wird die Pflanzung von allen Seiten aus gesehen oder steht sie an einer Wand? Kombinieren Sie die Pflanzen auch unter diesem Gesichtspunkt. Ein Arrangement mitten im Raum muß rundherum ein gutes Bild abgeben. Stellen Sie in diesem Fall die Hauptpflanze in die Gefäßmitte und fügen Sie verschieden hohe Beipflanzen und

Oben links: Ampelgefäße können auch direkt an der Wand befestigt werden
Oben rechts: Harmonische Pflanzengruppe im Sechseckgefäß: *Philodendron* 'Red Emerald', Kolbenfaden *(Aglaomena), Dracaena marginata* und Efeutute (Epipremnum pinnatum)
Unten links: Die besondere optische Wirkung dieses Arrangements wird durch die verschiedenen hohen Gewächse erzielt
Unten rechts: Pflanzengemeinschaften in dekorativen Keramik-Rundgefäßen: Bepflanzung Gefäß links: Kletterfeige *(Ficus pumila)*, Kroton *(Codiaeum variegatum)*, Nestfarn *(Asplenium nidus)*; Gefäß Mitte: *Dracaena marginata*, Korbmarante (*Calathea*), *Dracaena sanderiana;* Gefäß rechts: Fingeraralie *(Dizygotheca elegantissima), Dracaena deremensis,* buntblättrige *Ficus pumila*

Ranker ringsum bei. Wird das Gefäß an einer Wand plaziert, kommt die Dominierende nach hinten, die kleineren Pflanzen in den Vordergrund.
Jede Pflanze hat ihre Schokoladenseite, die nach vorn, in den Raum, zeigen sollte. Durch Drehen der Einzelgewächse sehen Sie, wie die Zusammenstellung am besten zur Wirkung kommt. Probieren Sie so lange, bis Sie mit dem Ergebnis zufrieden sind. Nach dem Einsetzen und Ausrichten der Pflanzen plazieren Sie den Wasserstandsanzeiger gut sichtbar und doch so unauffällig wie möglich im Gefäß. Dann streuen Sie den Dauerdünger auf den Gefäßboden, einen Eßlöffel pro Pflanze oder nach der Faustformel, die im Kapitel über die Düngung beschrieben ist (Seite 43). Füllen Sie nun das Pflanzgefäß mit Blähton auf. Schlagen Sie mit der Hand leicht gegen die Gefäßwand, damit keine Hohlräume bleiben, die sich später absetzen. Gießen Sie nun das Wasser bis zur Markierung „Optimum" ein und besprühen die Blätter eventuell noch leicht mit Blattglanz.

Die Hauptpflanze – im Bild ein *Ficus*-Hochstämmchen – prägt den Charakter eines Arrangements

Raumteiler

Sie möchten Pflanzen als eine lebende Wand? Eine Hecke als Abschirmung oder Trennelement im Zimmer, in einem Büro oder in einer Cafeteria? Dazu eignen sich höhere Pflanzen in einem länglichen Gefäß. Sie verzichten auf mittelhohe Beipflanzen und setzen mehrere Solitärs in ein rechteckiges Gefäß mit 70, 80 oder 90 cm Länge. Auf jeder Seite geben Sie einige Ranker als Bodendecker bei. Wenn Sie das Gefäß auf Unterbauten stellen, verdecken die herabhängenden Pflanzen den Sockel und bieten zudem mehr Grün fürs Auge. Sind längere Raumteiler gewünscht, reiht man mehrere dieser Gefäße aneinander.
Wichtig für den optischen Eindruck: Wählen Sie eine geeignete Pflanzenart

Hochwachsende, dichtbelaubte Pflanzen eignen sich gut als Raumteiler und Abschirmung. Der Stand der abgebildeten *Ficus lyrata* wurde durch einen Unterbau zusätzlich erhöht

aus und behalten Sie diese für die gesamte Pflanzung bei. Eine Hecke wirkt besonders schön in einer einheitlichen Linie. Falls Sie die Absicht haben, den Standort Ihrer lebenden Raumteiler zu verändern oder sie in verschiedenen Räumen einzusetzen, montieren Sie Rollen unter die Gefäße.

Ampelpflanzen und -gefäße

Hängepflanzen lassen ihre Triebe nach unten baumeln, wenn sie erhöht in einem Raum Platz finden. Für die Unterbringung solcher Gewächse eignen sich sogenannte Ampelgefäße. Eine am Gefäß montierte Kette befestigt man an der Decke oder am Oberteil eines Fensters. Direkt an der Wand lassen sich Wandampeln anbringen. Das sind Gefäße mit einer abgeflachten Seite, in der sich zwei Löcher für die Aufhängung befinden. Mit einem speziellen Wandhalter lassen sich auch die üblichen zylinderförmigen Hydrogefäße befestigen. Der schmiedeeiserne Halter ist mit einer Klemmvorrichtung ausgestattet, die gewährleistet, daß die Pflanze weder verrutschen noch herunterfallen kann. Ampelpflanzen im herkömmlichen Erdsubstrat zu gießen, ist mit einigen Umständen verbunden. Zum einen

Hängepflanzen kommen in Ampelgefäßen gut zur Geltung

läßt sich von unten schwer kontrollieren, ob das Substrat noch feucht oder schon ausgetrocknet ist, zum anderen läuft das Gießwasser leicht über den Gefäßrand und verschmutzt den Boden.
Um wieviel leichter fällt das Gießen von Pflanzen in Hydrokultur. Am Wasserstandsanzeiger lesen Sie bequem ab, wieviel Vorrat an Nährlösung die Pflanze noch hat, selbst wenn Ihr Ampelgefäß über Kopfhöhe angebracht ist. Die wasserdichten Hydrokulturgefäße verhindern, daß Gießwasser nachtropft. Und Sie sparen sich das jährliche Umtopfen. Ist Ihre Pflanze so stark gewachsen, daß das Außengefäß zu klein geworden ist, stellen Sie sie einfach samt Kulturtopf in ein größeres Gefäß. Auch ohne Umtopfen hat sie jetzt wieder einen guten Nährlösungsvorrat.
Neben den bekannten Hängepflanzen wie der Efeutute (*Epipremnum pinnatum*) oder der Kletterfeige (*Ficus pumila*), dem Kletterphilodendron (*Philodendron scandens*) oder dem Königswein (*Cissus rhombifolia*) gibt es weitere, weniger bekannte Gewächse im Sortiment des Handels, die sich ebensogut im Ampelgefäß unterbringen lassen.
Die verschiedenen *Columnea*- und *Aeschynanthus*-Arten und -Sorten erfreuen zusätzlich zum Zierwert des Blattwerks von Zeit zu Zeit mit ihren roten Blütenröhren. Der Schwertfarn (*Nephrolepis exaltata*) ist in Erdkultur nur schwer zu pflegen. Er bedarf einer regelmäßigen Versorgung mit Wasser und einer angenehmen Luftfeuchte – Ansprüche, die sich in Hydrokultur leichter erfüllen lassen. Wählen Sie einen hellen Platz in Fensternähe nicht zu nahe an einem Heizkörper. Auch der kleinwüchsige Zimmerbambus (*Pogonatherum paniceum*) findet in Hydrokultur optimale Bedingungen.
Für helle Südfenster eignen sich kakteenähnliche Gewächse mit hängendem Wuchs oder die verschiedenen Arten der Wachsblume (*Hoya*). *Hoya multiflora* bildet ihre weißen bis strohgelben Blütendolden unterhalb des Laubes. Sie kommen erst dann zur Geltung, wenn man die Pflanze von unten betrachtet. Auch die Grünlilie (*Chlorophytum comosum*) gibt mit ihren bogig nach unten hängenden Blättern und den Ausläufern eine hübsche Hängepflanze ab. Sie gilt als besonders wirksamer Vernichter von Schadstoffen in der Raumluft. Die rein grüne Ursprungsart erweist sich übrigens als weitaus robuster als die weißbunte Varietät, die man häufiger antrifft und die leicht braune Blattspitzen bekommt. Grünlilien kommen mit wenig Licht und niedrigen Temperaturen aus.

Pflanzen im Büro

Die Hydrokultur hat zu Beginn der 70er Jahre mit der Begrünung von Büros ihren Siegeszug angetreten. Und es gibt mehrere Gründe, warum es dazu kam. Die Pflegekosten betragen nur einen Bruchteil dessen, was bei der herkömmlichen Erdkultur anfällt. Hierin lag wohl die Hauptursache für den Erfolg der neuartigen Pflanzenhaltung, und mit steigenden Löhnen wird dieser Vorteil immer gravierender. Mit Hydrokultur lassen sich die Kosten für die Pflanzenpflege auf etwa ein Drittel bis ein Viertel senken. Die Pflanzen halten zudem länger, müssen also seltener durch neue ausgetauscht werden. Hydrokulturen liegen im Anschaffungspreis höher als Pflanzen in Erdkultur, gleichwohl hat sich dieser Mehraufwand schon nach kurzer Zeit amortisiert. Unter betriebswirtschaftlichen Gesichtspunkten spricht demnach einiges für die Hydrokultur.

Ein ganz anderer Aspekt: In wissenschaftlichen Untersuchungen wurde nachgewiesen, daß bepflanzte Räume viel positiver auf die Nutzer wirken als Räume ohne Pflanzen. Das gilt sowohl für Wohn- als auch für Arbeitsräume. Subjektive gesundheitliche Beschwerden und allgemeines Unbehagen – so die Forschungsergebnisse – nehmen deutlich ab. Und Grün beruhigt, auch deshalb liegt im Kontakt zur Natur ein echtes Bedürfnis.

Die positive Wirkung der Raumbegrünung kann auch dadurch belegt werden, daß sich luftverunreinigende Stoffe in geschlossenen Räumen wirkungsvoll mit Pflanzen bekämpfen lassen. In einem mir bekannten Fall wurde ein Bürogebäude von Grund auf renoviert. Nach kurzer Zeit klagten die Angestellten über tränende Augen, Müdigkeit, Kopfschmerzen. Nur weil die Geschäftsleitung keinen anderen Ausweg wußte, wurden in allen Räumen Pflanzen aufgestellt. Nach nur einem Monat waren alle Schadstoffe so weit absorbiert, daß niemand mehr Probleme hatte.

Damit die persönliche Sphäre erhalten bleibt, bieten sich in Gemeinschafts- und Großraumbüros Pflanzen als Sichtschutz an. Mit Hilfe besonderer Arrangements lassen sich Räume aufteilen und abgrenzen; einige grundlegende Hinweise hierzu finden Sie im Kapitel „Raumteiler“, Seite 34. Pflanzungen rund um Ihren Arbeitsplatz bewahren den Kontakt zur Umgebung, sorgen aber dennoch für die nötige Abschirmung, so daß es sich ungestörter arbeiten läßt.

Natürlich können Pflanzen ihre positive Wirkung nur entfalten, wenn die Pflege stimmt. Es reicht nicht aus, daß Putzkolonnen alle paar Wochen mit der Gießkanne Wasser nachfüllen. Pflanzen verlangen mehr Know-how und Zuwendung als ein Teppichboden. Wie steht es um die Nährstoffversorgung? Kommt Schädlingsbefall auf? Brauchen zu lange Triebe einen Verjüngungsschnitt? Solche Fragen kann nur ein geschultes Personal beantworten. Würden Sie die Wartung der Klimaanlage einer Reinemachefrau anvertrauen? Auch die Versorgung der Hydrokulturpflanzen gehört in die Hände von Fachleuten.

Eine gute Pflege braucht Zeit. Und Zeit kostet Geld. Ein allzu billiges Angebot verheißt nichts Gutes für Ihre Pflanzen. Um die Kosten zu verringern, wird häufig die Pflege vernachlässigt. Das geht zu Lasten der Haltbarkeit und Schönheit. Außerdem sind Folgekosten dann schon programmiert. Pflanzen gehen ein, Neupflanzungen werden erforderlich, die sich mit fachgerechter Pflege hätten vermeiden lassen. Zu einer solchen Pflege gehören stichprobenartige Untersuchungen der Nährlösung in einzelnen Gefäßen. Es hat sich gezeigt, daß Pflanzenprobleme oft auf zu hohen pH-Wert oder extremen Düngermangel, seltener auf Überdüngung zurückzuführen sind.

Wenn firmeneigene Mitarbeiter die Pflanzenpflege übernehmen, können sie auf Seminaren der großen Hydrokulturgärtnereien die nötigen Kenntnisse erwerben.

In Firmengebäuden können starke Temperaturschwankungen durch Zurückschalten der Heizung an Wochenenden oder während der Weihnachtsferien auftreten. Die mit der Pflege beauftragten Firmen sollten in solchen Fällen entsprechend informiert werden, damit sie vor längeren Perioden mit Niedrigtemperaturen weniger gießen und dadurch den zwangsläufigen Umstellungsschock „abfedern". Weitere durch Betriebsferien bedingte Besonderheiten, wie z. B. ein ständiges Abdunkeln durch heruntergelassene Rolläden, nehmen den Pflanzen viel von ihrer Lebenskraft.

Gut gepflegte Hydrokulturen sind sehr haltbar. Mittlerweile gibt es einige Pflanzungen, die 15–20 Jahre stehen. Auf jeden Fall können Sie mit einer durchschnittlichen Lebenserwartung von 5–10 Jahren rechnen – vorausgesetzt, die Pflege stimmt. Und wenn Sie dann neu pflanzen, lassen sich vielleicht einige Gewächse, die sich gut gehalten haben, in das neue Arrangement einbauen.

Gesundes Raumklima durch Hydrokultur

Pflanzen reinigen die Atemluft

Die Luftverschmutzung in Innenräumen durch sogenannte Wohngifte ist in den letzten Jahren zunehmend diskutiert worden. Denken Sie nur an das Asbestproblem, das zur Zeit mit hohem Kostenaufwand angegangen werden muß. Oder an andere Luftschadstoffe wie Benzol, Formaldehyd, Toluol oder Kohlendioxyd. Die Quellen dieser Verunreinigung sind sehr vielfältig: Farben, Lacke, Teppichböden, Kleber, Holzschutzmittel, Isolationsmaterial u. a.

Dabei verbringen wir die meiste Zeit unseres Lebens in Innenräumen: am Tag durchschnittlich ca. 8 Stunden im Arbeitsraum oder Büro, 7 Stunden im Wohnraum und etwa 8 Stunden im Schlafzimmer. Die Folgen dieser Luftverschmutzung können sein: Kopfschmerzen, Übelkeit, trockene Haut, gereizte Augen, Müdigkeit oder Allergien. Millionen leiden unter schlechter Luft am Arbeitsplatz.

Untersuchungen der US-Weltraumbehörde NASA haben gezeigt, daß Pflanzen der Luftverschmutzung in geschlossenen Räumen entgegenwirken. Durch ihren Stoffwechsel reinigen sie die Raumluft von schädlichen Gasen. So wird das im Zigarettenrauch enthaltene Formaldehyd von den Pflanzen teilweise absorbiert. Pflanzen als biologische Giftschlucker helfen Ihnen, freier zu atmen.

Schon eine einzige Pflanze reicht aus, um die Luft eines 10 m^2 großen Wohn- oder Arbeitsraumes von einer durchschnittlichen Formaldehydkonzentration zu befreien. An der Entgiftung der Luft sind Blattwerk und Wurzeln gleichermaßen beteiligt.

Als besonders wirkungsvolle Schadstoffilter erwiesen sich in den Untersuchungen Efeu, das Einblatt (*Spathiphyllum*), verschiedene Drachenbäume, *Philodendron*- und *Ficus*-Arten, Sansevierien, Mini-Schefflera und der

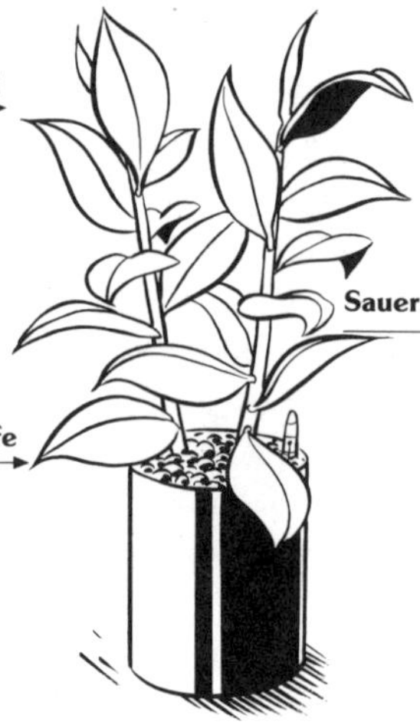

Zimmerpflanzen schlucken gasförmige Schadstoffe und verbessern dadurch das Raumklima

Kolbenfaden (*Aglaonema*). Grundsätzlich trägt jede Pflanze zum Schadstoffabbau bei. Doch bedenken Sie bitte: Die Gewächse müssen natürlich gesund und gut gepflegt sein, damit sie ihre positive Wirkung voll entfalten können.

In diesem Zusammenhang erscheint es sinnvoll, das Vorurteil aus der Welt zu schaffen, Pflanzen führten im Schlafzimmer zu Sauerstoffmangel. Das Gegenteil ist der Fall. Pflanzen produzieren erheblich mehr Sauerstoff, als sie selbst verbrauchen und senken den Kohlendioxydgehalt der Luft. Je mehr Pflanzen in einem Raum wachsen, um so besser wirkt sich das auf die Gesundheit aus.

Quellbrunnen als Luftbefeuchter

In der Heizperiode leiden viele Menschen unter trockener Raumluft. Die relative Luftfeuchte sinkt teilweise unter 30 %. Das macht müde, schlapp und begünstigt Erkältungskrankheiten. Es bildet sich mehr Staub, der neben der zu trockenen Luft die Atemwege reizt. Der Raum ist zwar warm, aber irgendwie fühlt man sich doch unbehaglich.

Pflanzen in Hydrokultur erhöhen die Luftfeuchte, denn sie verdunsten das Wasser, das sie aufnehmen. Diese Wirkung läßt sich durch Quellbrunnen erhöhen, die man in die Pflanzung integriert. Wie hervorragend sie wirken, können Sie am Wasserverbrauch eines solchen Brunnens erkennen. In geheizten Räumen müssen Sie etwa zweimal pro Woche Wasser nachfüllen, anfangs, bis sich die Luftfeuchte eingependelt hat, sogar noch öfter. Bei Verwendung dieser Luftbefeuchter brauchen Sie keine Angst zu haben, daß Sie – wie bei Umluftventilatoren – Bazillen im Raum verteilen. Im übri-

gen tut eine für den Menschen angenehme Luftfeuchtigkeit von 40–60 % auch Ihren Möbeln gut. Und schließlich übt langsam fließendes Wasser eine beruhigende Wirkung aus.
Quellbrunnen bestehen aus einer kleinen Pumpe und einem behauenen Stein, in dessen Mitte ein Loch für das Wassersteigrohr gebohrt ist. Hinzu kommt ein wasserdichtes Gefäß, das einen separaten Wasserkreislauf ermöglicht. Die Pumpe darf nur eingeschaltet werden, wenn der Brunnen gefüllt ist, sonst läuft sie heiß. Die Pflanzen wiederum dürfen nie zu hoch im Wasser stehen, damit die Wurzeln nicht faulen. Zwei getrennte Wasserbehälter mit jeweils eigenem Wasserstandsanzeiger sind deshalb von Vorteil. Wenn Sie Freude am Basteln haben, können Sie sich einen solchen Luftbefeuchter leicht selber bauen. Für die Herstellung handelsüblicher Quellbrunnen wurde lange Zeit nur Lavastein verwendet, mittlerweile ist in Fachgeschäften eine reiche Auswahl weiterer schöner Steinarten (u. a. Alabaster, Rosenquarz und Roter Jaspis) erhältlich.
Bevor Sie einen neuen Stein in Betrieb nehmen, spülen Sie ihn gut durch, um Staub und Steinteilchen zu entfernen. Wenn die Pumpe nicht fördert, ist sie in aller Regel durch ein kleines Steinchen blockiert. Derartige Störungen können schnell beseitigt werden, da sich die Pumpe mit wenigen Handgriffen auseinandernehmen läßt. Eine heißgelaufene Pumpe ist meist nicht mehr zu reparieren, sie muß gegen eine neue ausgetauscht werden.
Beim Arrangieren einer Pflanzung mit Quellbrunnen plazieren Sie den Stein einfach anstelle einer Beipflanze. Achten Sie aber darauf, daß kein Umlaufwasser vom Stein in die Nährlösung tropft. Sonst läuft die Pumpe bald trocken, außerdem stehen die Pflanzen dann zu hoch im Wasser. Auch Blätter können das Wasser vom Stein wegleiten. Drehen Sie die Pflanzen deshalb so, daß keine Stengel und Blätter den Quellstein berühren. Störendes Blattwerk sollten Sie abschneiden.
Acrylsäulen mit Luftperler kommen als dekorative Elemente einer Pflanzung zunehmend in Mode. Das Wasser befindet sich in einer transparenten Säule, von unten erzeugt ein Sprudler aufsteigende Luftperlen. Die Säulen können beleuchtet werden, mit Farbscheiben erzielen Sie zusätzlich reizvolle Effekte. Die positive Wirkung auf die Luftfeuchte ist allerdings geringer als beim Quellbrunnen. Für Acrylsäulen verwenden Sie am besten destilliertes Wasser; dadurch vermeiden Sie die lästige Algenbildung.

Die richtige Pflege

Grundregeln für das Gießen

Man füllt so viel Wasser ein, bis der Wasserstandsanzeiger die Markierung „Optimum“ erreicht. Nachgegossen wird erst, wenn die Anzeige auf „0“ oder „Minimum“ abgesunken ist. Nur dann ist gewährleistet, daß die Wurzeln ausreichend mit Sauerstoff versorgt werden.

Je nach Standort und Pflanzenart schadet eine kurze Trockenzeit nicht, denn der Blähton speichert noch etwas Feuchtigkeit an seiner porösen Oberfläche. Pflanzen mit geringem Wasserbedarf oder solchen, die unter ungünstigen Bedingungen stehen, tun ein paar Tage Trockenheit sogar ausgesprochen gut. Aber übertreiben Sie es damit nicht!

Nur falls Sie längere Zeit verreisen oder die Pflanzen das Wasser sehr schnell aufbrauchen, füllen Sie bis zur Markierung „Maximum“ auf. Beachten Sie folgende Faustregel: Je kleiner das Gefäß und je größer die Pflanze und ihre Blattoberfläche, desto kürzer hält der Wasservorrat.

Hydrokultur bietet den Pflanzen einen größeren Wasservorrat als Erdkultur. In Großgefäßen müssen Sie im Schnitt nur alle vier Wochen gießen. Allgemein gilt, daß die Gießhäufigkeit von jahreszeitlichen und anderen Faktoren abhängt. Im Sommer, an hellen Standorten oder über einem warmen Heizkörper brauchen die Pflanzen viel Wasser, im Winter, bei wenig Licht und kühlen Temperaturen erheblich weniger.

Berücksichtigen Sie außerdem, daß Schwimmerkugel und Anzeigestab ein Eigengewicht haben und deshalb die Anzeige etwas verzögert erfolgt. Gute Wasserstandsanzeiger sprechen bereits ab einer Wasserhöhe von unter 1 cm an. Behalten Sie beim Gießen den Wasserstandsanzeiger im Auge. Je näher am Wasserstandsanzeiger Sie einfüllen, um so schneller erfolgt die

Reaktion. In großen Gefäßen kann der Pegel kurz nach dem Gießen absinken, da sich die Nährlösung erst dann gleichmäßig verteilt hat. Mit der Zeit bekommen Sie ein Gefühl dafür, wie der Wasserstandsanzeiger normalerweise reagiert und können eventuelle Fehlanzeigen schon im Ansatz erkennen. Manchmal blockieren Wurzeln oder Düngekügelchen die Schwimmerkugel. In solchen Fällen hilft einfaches Reinigen.

Beschaffenheit des Gießwassers

Neben der Gießhäufigkeit und der Gießmenge hat auch die Qualität des Wassers großen Einfluß auf die Gesundheit der Pflanzen. Je nachdem, ob man über sehr hartes oder sehr weiches Wasser verfügt, verändert sich die Nährlösung. Auskunft über die Wasserqualität am Wohnort erteilt das zuständige Wasserwerk. Wer ganz sicher gehen will, überprüft die Nährlösung gelegentlich auf pH-Wert und Stickstoffgehalt. Spezielle Teststäbchen sind hierfür gut geeignet.
Bei Gießwasser aus Enthärtungsanlagen ist Vorsicht geboten, denn solche Geräte arbeiten in der Regel mit Kochsalz. Sie tauschen den freien Kalk im Wasser gegen Natrium aus, das jedoch im Übermaß die Pflanzen schädigt. Wenn möglich, sollten Sie daher Ihr Gießwasser vor der Enthärtungsanlage abzapfen.

Härtegrade des Leitungswassers

0 – 4 °dH	–	sehr weich
4 – 8 °dH	–	weich
8 – 14 °dH	–	mittelhart
14 – 18 °dH	–	ziemlich hart
18 – 30 °dH	–	hart
ab 30 °dH	–	sehr hart

1 Grad deutscher Härte (°dH) entspricht einer Calciumoxydkonzentration (CaO) von 0,178 Millimol (mmol) je Liter Wasser

Düngen

Pflanzen brauchen zunächst einmal Wasser, sonst vertrocknen sie. Zusätzlich benötigen sie Mineralstoffe zu ihrer Ernährung, vor allem Stickstoff, Phosphor, Kali, Calcium und – in geringen Mengen – Spurenelemente wie Eisen, Bor, Mangan, Magnesium und andere. Diese lebensnotwendigen Nährstoffe müssen Sie Ihren Pflanzen regelmäßig zuführen.
Für die Nährstoffversorgung von Pflanzen in Hydrokultur bieten sich zwei Möglichkeiten an: Ionenaustauscher als besonders bequeme, aber vergleichsweise teure Methode der Langzeitdüngung und Flüssigdünger.

Ionenaustauscher als Langzeitdünger

Im Wasser entwickeln sich aus Salzverbindungen Ionen. Das sind positiv und negativ geladene Teilchen. Die Kunstharzkügelchen eines Ionenaustauschers wie „Lewatit HD 5" sind mit Düngeionen beladen, die sich gegen im Wasser enthaltene – manchmal schädliche – Salze austauschen. Bei sehr hartem Wasser erfolgt durch diesen Vorgang eine vorteilhafte Teilentsalzung; andererseits ist in weichem Wasser der Ionenaustausch gefährdet, so daß keine Düngesalze in die Lösung gelangen.
Für weiches und mittelhartes Gießwasser (0–14 Grad deutscher Härte) wurde daher „Lewatit HD 5 plus" entwickelt. Es enthält zusätzlich spezielle Kalk- und Magnesiumsalze, die den Nährstoffaustausch fördern.

In Anwendung und Dosierung unterscheiden sich die beiden Langzeitdünger nicht voneinander. Geben Sie etwa dreimal im Jahr einen gehäuften Eßlöffel „Lewatit" je Pflanze in die Nährlösung. Diese grobe Mengenangabe berücksichtigt jedoch nicht, daß große Pflanzen mehr Nahrung benötigen als kleine. Genauer dosieren Sie, wenn Sie die Düngemenge auf die Pflanzenhöhe abstimmen. Dazu gibt es folgende Faustformel: Teilen Sie die Pflanzenhöhe durch zwei; die Zahl entspricht der Menge an Langzeitdünger, die Sie verabreichen müssen. Einer 30 cm hohen Pflanze geben Sie z. B. 15 ml „Lewatit HD 5", einer 100 cm hohen 50 ml etc.
Je nachdem, ob Ihre Pflanzen hell stehen und schnell wachsen oder schattig und kühl mit trägem Wachstum, können Sie die Zeiträume zwischen den Düngungen verkürzen oder verlän-

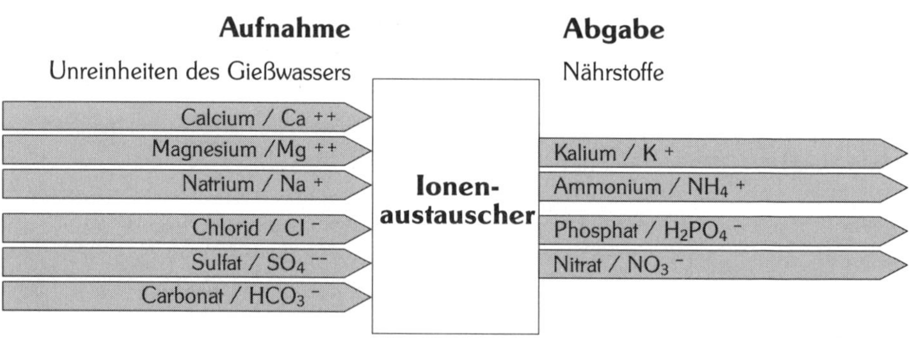

Prinzip des Ionenaustauschdüngers

Mit Langzeitdünger lassen sich Hydropflanzen bequem ernähren. Man gibt etwa dreimal im Jahr einen gehäuften Eßlöffel pro Pflanze in die Nährlösung

Spezielle Hydrokultur-Flüssigdünger werden nach Gebrauchsanweisung unter das Gießwasser gemischt. Die Nährlösung sollte man alle 3 Monate erneuern

gern. Grundsätzlich gilt: Im Winter verbrauchen die Pflanzen weniger Dünger als im Sommer.

Achtung: Die Lewatit-Kügelchen lösen sich nicht auf, wenn ihr Nährstoffvorrat aufgebraucht ist. Wenn Sie also noch Düngekügelchen in der Nährlösung finden, sagt das nichts über ihre Düngekraft aus.

Flüssigdünger

Flüssigdünger für Pflanzen in Erde enthalten meist Harnstoff, der in Hydrokultur den pH-Wert in unerwünschte Höhen treiben würde. Sie sind deshalb für die Hydrokultur ungeeignet. Dagegen lassen sich Hydrodünger unbedenklich für Gewächse in Erdkultur verwenden. Wählen Sie für Ihre Hydropflanzen einen Spezialdünger mit einem Gehalt an Stickstoff, Phosphor und Kali im Verhältnis von etwa 1 : 0,5 : 1,5. Die ebenso wichtigen Spurenelemente dürfen natürlich nicht fehlen. Flüssigdünger enthalten kein Calcium, da es andere Nährstoffionen festlegen würde. Bei Verwendung von weichem Wasser sollten Sie zusätzlich etwas Kalk beigeben.

Die Häufigkeit der Düngung orientiert sich auch hier an der Wachstumszeit der Pflanzen und am damit verbundenen Nährstoffverbrauch. Optimale

Werte in der Nährlösung erreichen Sie, indem Sie im Sommer bei jedem Gießen, im Winter bei jedem zweiten Gießen 3 ml Flüssigdünger pro Liter Wasser beigeben. Durch eine solch regelmäßige Düngung halten Sie den pH-Wert stabil und verhindern, daß die Aufnahme wichtiger Spurenelemente blockiert wird.

Auswechseln der Nährlösung

Bei Verwendung von Flüssigdüngern bleibt es nicht aus, daß sich im Bodensatz verbrauchter Nährlösung Salzreste ansammeln. Um Pflanzenschäden wegen solcher Salzkonzentrationen zu vermeiden, ist es ratsam, alle drei Monate die alte Nährlösung zu entfernen und durch eine neue Düngung wieder optimale Wachstumsbedingungen für Ihre Pflanze zu schaffen. Wer so verfährt, schließt Düngefehler mit großer Sicherheit aus.

Der Wechsel der Nährlösung verursacht keine große Mühe. Bei Kleingefäßen nehmen Sie den Kulturtopf aus dem Gefäß, schütten die alte Nährlösung weg und entfernen – soweit vorhanden – Faulstoffe, die die Pflanze unter ungünstigen Bedingungen bildet. Dann spült man den Blähton kurz durch. Für Großgefäße sind spezielle Absaugpumpen im Handel. Nehmen Sie den oberen Teil des Wasserstandsanzeigers ab, ziehen Sie den Schwimmer heraus, und saugen Sie die Nährlösung aus dem Schacht. Achten Sie darauf, daß kein Blähton in den Schacht fällt.

Stäbeln und Aufbinden

Der *Philodendron* heißt mit deutschem Namen Baumfreund. Diese Bezeichnung verweist auf eine charakteristische Eigenschaft der Pflanze: In ihrer Heimat stützt sie sich auf andere Gewächse und klammert sich mit ihren Luftwurzeln an ihnen fest. Bei uns zu Hause bieten wir dem *Philodendron* einen Pflanzenstab als Stütze. Wächst er über ihn hinaus, baumeln die Triebe in der Luft und suchen neuen Halt. Dann ist es Zeit, den Stab zu verlängern. Hierzu gibt es Verlängerungsstücke, die sich auf den vorhandenen Stab aufsetzen lassen. Danach binden Sie die Triebe mit Bast oder Schnur fest – nicht zu straff, sonst schnüren Sie die Triebe ein. Ersatzweise kann man auch elastische Kunststoffringe verwenden, die sich dem Dickenwachstum der Pflanze anpassen. Mit Nährlösung befeuchtete Moosstäbe bieten zwei Vorteile: Zum einen können die Luftwurzeln zusätzliche Nahrung aufnehmen – derart gepflegte *Philodendron*-Arten bilden größere Blätter aus –, zum anderen ist es Überlebensschutz, falls durch Gießfehler die Wurzeln abgestorben sein sollten.

Unter ungünstigen Lebensbedingungen entwickeln sich Stämme und Haupttriebe mancher Pflanzen zu schwach, um die seitlichen Zweige mitsamt Blattwerk aufrecht halten zu können. Beispiele hierfür sind manche *Ficus*- und *Schefflera*-Arten. Stützstäbe helfen hier oft schon weiter. Vorteilhaft sind Stäbe aus Kunststoff, die in der Nährlösung nicht verrotten. Sie sind häufig mit Korkgrieß ummantelt, damit sie dekorativer aussehen.

Im Fachhandel sind spezielle Stützstäbe für Hydrokultur erhältlich. Die Stäbe lassen sich mit dem Wachstum der Pflanzen verlängern

Rückschnitt, Stutzen, Ausputzen

Ihre Pflanze wächst Ihnen (fast) durch die Decke? Gehören Sie zu den Pflanzenfreunden, die sich scheuen, Messer oder Schere anzusetzen? Viele tun das. Aber Sie brauchen wirklich keine Angst zu haben, zu hoch gewachsene Pflanzen zurückzuschneiden. Das Ergebnis fällt nicht anders aus als bei Rosen, Hecken oder Alleebäumen. Die Pflanze baut sich nachher buschiger auf und wirkt viel schöner. Nur Mut! Schneiden Sie aber kurz über der Ansatzstelle eines Blattes oder Seitentriebes zurück; zu lange Stielenden könnten Fäulnis verursachen.

Manche Pflanzen neigen dazu, stur eintriebig nach oben zu wachsen, entwickeln aber nach ein- oder mehrmaligem Stutzen viele Seitentriebe und bilden prächtige Büsche. Ein Paradebeispiel dafür ist der Hibiskus. Warten Sie nicht zu lange mit dem Stutzen. Die meisten Pflanzen treiben williger aus, wenn die Triebe weich und nicht im harten Holz gestutzt werden.

Kugelförmige Pflanzen auf einem Stamm erfordern einen häufigeren Rückschnitt in regelmäßigen Zeitabständen; schon einzelne Triebe, die ungehemmt wachsen, machen die de-

Zu hoch gewachsene Pflanzen sollten im Frühling oder Sommer zurückgeschnitten werden

korative Wirkung zunichte. Am besten knipsen Sie ausbrechende Triebe schon im Jugendstadium einfach mit den Fingernägeln ab. Natürlich können Sie dafür auch ein Messer oder eine Schere benutzen. Achten Sie stets darauf, die gleichmäßige Rundung zu erhalten.

Nach einem Stutzen oder Zurückschneiden braucht die Pflanze Kraft für einen starken Neuaustrieb. Die hat sie nur in Perioden mit hoher Lichtintensität. Deshalb eignen sich die Monate März bis August am besten für diese Pflegemaßnahmen. Verjüngen Sie Ihre Pflanzen in der lichtarmen Zeit, dann wachsen nur dünne, kraftlose Neuaustriebe nach.
Abgestorbene Blätter werden entfernt, damit keinerlei Fäulnis auftreten kann. Soweit sie nicht von selbst abfallen, beseitigen Sie sie sauber am Ansatz des Blattstiels. Das gleiche gilt für verwelkte Blüten.

Blattglanz

Bevor man die wirklich positiven Eigenschaften von Blattglanzspray entdeckte, galt es lediglich als Mittel, um Schmutz auf den Blättern zu verdecken. Die Pflanze sieht nach dem

Oben links: Quellbrunnen – hier ein Exemplar aus Rosenquarz – erhöhen merklich die Luftfeuchtigkeit in beheizten Räumen
Oben rechts: Gruppenarrangement, das sich aus drei Keramik-Großgefäßen zusammensetzt. Ananas und Flamingoblume im Vordergrund werden von der Zimmerbirke überragt. *Ficus pumila,* die Kletterfeige, dient als Unterpflanzung, die den Gefäßrand überspielt

Unten: Pflanzenarrangements mit Luftbefeuchtern, links ein Lavabrunnen, rechts Sprudelsäulen aus Acryl
Bepflanzung links: *Dracaena fragrans* 'Massangeana' und Purpurtute *(Syngonium podophyllum);* Mitte: *Dracaena deremensis,* Wachsblume *(Hoya multiflora)* und Kletterfeige *(Ficus pumila);* rechts: *Dracaena fragrans,* Efeutute *(Epipremnum pinnatum)* und *Dracaena surculosa* var. *maculata* (auch *Dracaena godseffiana*)

Einsprühen mit Blattglanz sauber aus und strahlt. Soweit die Kosmetik.
Blattglanz besteht aus ätherischen Ölen, denen beim Bio-Blattglanz organische Stoffe beigemischt sind. Eine regelmäßige Anwendung einmal pro Monat stärkt die natürliche Widerstandskraft der Pflanzen und beugt, ohne Einsatz von Giftstoffen, dem Befall durch Schädlinge vor. Erfahrungen haben gezeigt, daß vor allem Spinnmilben ferngehalten werden; außerdem lassen sich damit Woll- und Schildläuse wirkungsvoll bekämpfen. Aus Gründen der Pflanzenverträglichkeit sollten Sie Blattglanz jedoch nur sparsam aufsprühen. Im übrigen bieten speckig glänzende Blätter keinen naturgemäßen Anblick. Halten Sie beim Sprayen stets einen Abstand von mindestens 30 cm zur Pflanze ein. Achten Sie beim Kauf auf Fabrikate, die ohne die umweltschädlichen Treibgase auskommen.
Zu stark und zu häufig mit Blattglanz behandelte Pflanzen werden geschädigt. Der Nestfarn (*Asplenium nidus*) reagiert mit ölartigen Blattflecken, die Blattränder bekommen ein papierähnliches Aussehen. *Chamaedorea elegans*, die Bergpalme, verfärbt sich von den Blattspitzen her fahlgrün, wenn die Blattunterseite besprüht wurde. Vorsicht geboten ist auch bei Drachenbäumen, vor allem bei *Dracaena fragrans* 'Massangeana', und bei der Palmlilie (*Yucca*).

Umtopfen von Hydropflanzen

Pflanzen in Hydrokultur müssen weit seltener als Erdpflanzen umgetopft werden, Großgefäßpflanzen in Kulturtöpfen von 19 cm Höhe eigentlich überhaupt nicht; ihren Wurzeln steht das gesamte Volumen eines Großgefäßes zur Verfügung. In der Regel werden Pflanzen aus kleinen Gittertöpfen oder aus Tischgefäßen ver-

Oben links: Auch auf der Treppe ins Obergeschoß findet sich oft ein Platz für lebendiges Grün. Single-Pflanzen wie diese Purpurtute *(Syngonium podophyllum)* kommen hier gut zur Geltung Oben rechts: Strahlenaralie *(Schefflera arboricola)* und Kletterfeige *(Ficus pumila)* in der Hängeampel schmücken den Eingangsbereich der Wohnung

Unten: Diese längliche Pflanzung erfüllt eine atmosphärische und eine praktische Funktion; sie dient der Innenraumbegrünung und der Trennung von zwei Wohnbereichen. Leitpflanzen sind die buntblättrige *Dracaena fragrans* 'Massangeana', *Dieffenbachia,* der Schraubenbaum *(Pandanus veitchii)* und die Zimmerbirke *(Ficus benjamina)*

pflanzt, und zwar weil sie zu hoch geworden sind und leicht umfallen oder weil sie sehr rasch ihren Wasservorrat aufbrauchen und zu oft gegossen werden müssen. Obwohl das Umtopfen von Hydropflanzen meist keine Probleme bereitet, bedeutet es doch eine Störung im Wachstumsrhythmus der Pflanze. Gehen Sie deshalb äußerst behutsam vor.

Pflanzen im Kulturtopf werden ausgetopft, denn auf Dauer behindert er das Wurzelwachstum. Befindet sich ein Großteil der Wurzeln außerhalb des Kulturtopfes, schneiden Sie ihn mit einer Gartenschere vorsichtig auf, um beim Herausnehmen der Pflanze möglichst wenig Wurzeln zu beschädigen. Faule Wurzeln werden entfernt, übergroßen Wurzelfilz schneidet man zurück. Nun setzen Sie die Pflanze in einen größeren Kulturtopf – aber nicht zu tief! Dann füllen Sie Blähton und Wasser ein. Solange die Pflanze nicht wieder festen Fuß gefaßt hat, übersprüht man sie mehrmals am Tag mit Wasser oder umhüllt sie mit einer gelochten Folientüte. Gedüngt wird erst, wenn die neuen Wurzelspitzen aus dem Kulturtopf wachsen.

Zum Umtopfen nimmt man die Pflanze aus dem alten Kulturtopf, den man – falls nötig – vorsichtig aufschneidet

Nach dem Einsetzen der Pflanze (auf die richtige Tiefe achten!) füllt man feuchten Blähton und Wasser ein

Tips für die Urlaubszeit

Sie sind ein reiselustiger Mensch? Sie lieben Pflanzen, fahren oder fliegen aber auch sehr gern in Urlaub und müssen also Ihre geliebten Pflanzen längere Zeit alleine lassen? Sie wollen sie dennoch gut versorgt wissen? Schwierig ist das nicht, aber ein bißchen müssen Sie dafür tun.

Zunächst einmal brauchen Ihre Pflanzen genügend Licht und Wärme. Im Winter wegfahren, die Heizung ausschalten und die Rolläden runterlassen, das kann nicht gut gehen. Wählen Sie ein Zimmer, das Sie auch während Ihrer Abwesenheit heizen und das den Pflanzen genügend Licht bietet. Die Temperatur in diesem Raum sollte mindestens 18 °C betragen. Dorthin bringen Sie vor der Abreise Ihre Pflanzen; die lichthungrigen Gewächse stellen Sie möglichst nah ans Fenster.

Großgefäße bieten einen Wasservorrat für etwa vier Wochen. Das reicht in den meisten Fällen aus. Wenn Sie länger wegfahren, gießen Sie am besten höher auf und saugen nach Ihrer Rückkehr die überschüssige Wassermenge ab. Lassen Sie das Gefäß dann noch einen oder zwei Tage trocken stehen, bevor Sie neue Nährlösung einfüllen. Dadurch gewähren Sie den Pflanzenwurzeln die dringend nötige Sauerstoffkur.

Kleingefäße weisen einen relativ geringen Vorrat an Nährlösung auf. Sie brauchen öfter Wasser. Aber auch das ist kein Problem: Geben Sie die Pflanzen mit den Kulturtöpfen in eine große Wanne, die 4–6 cm hoch mit Nährlösung gefüllt ist und so einen guten Vorrat für Ihre Urlaubszeit bietet. Sobald Sie wieder daheim sind, stellen Sie die Pflanzen zurück in die Gefäße und an ihren normalen Standort.

Bei mehrwöchiger Abwesenheit stellt man die Pflanzen mit den Kulturtöpfen in eine mit Nährlösung gefüllte, flache Schale. Auch für ausreichend Temperatur und Licht muß gesorgt sein

Umstellen von Erd- auf Hydrokultur

Gesetzt den Fall, Sie sind ein begeisterter Zimmergärtner, haben die Vorteile der Hydrokultur entdeckt und wollen Ihre Pflanzen auf diese Art der Haltung umstellen. Was tun?

Ein Risiko bleibt

Zunächst sollten Sie wissen, daß Pflanzen in Hydrokultur ein anderes Wurzelsystem ausbilden als in Erde. Das Risiko der Umstellung steigt mit Größe und Alter der Pflanzen; die vielen Blätter von großen Pflanzen verdunsten jede Menge Wasser, das von den Wurzeln herbeigeschafft werden muß. Während der Umstellungsphase bildet die Pflanze aber ein neues Wurzelwerk, so daß der Nährstoff- und Wassernachschub stockt. Die Gefahr ist also groß, daß viele Blätter abgeworfen werden oder daß die Pflanze völlig eingeht. Sie können sie zwar mit einer Plastikfolie umhüllen und so die Verdunstung herabsetzen, sollten sich aber des grundsätzlichen Risikos bewußt sein. Außerdem überstehen den Umstellungsschock nur gesunde und wüchsige Pflanzen. Es ist von vornherein aussichtslos, geschwächte oder kranke Pflanzen umstellen zu wollen. Kaum Schwierigkeiten bereiten hartlaubige Pflanzen wie Bogenhanf (*Sansevieria*), Elefantenfuß (*Beaucarnea*) oder Kakteen; recht gute Erfolgsaussichten bestehen bei *Dracaena*-Arten, Purpurtute (*Syngonium*) und *Dieffenbachia*. Schwer tun sich dagegen die „Säufer“ unter den Pflanzen wie Hibiskus, Kroton, *Ficus benjamina*, vor allem dann, wenn nicht für eine ausreichende Luftfeuchte gesorgt wird. Palmen brauchen sehr lange, um neue Wurzeln zu bilden. Das Risiko dehnt sich zeitlich aus und wird somit größer. Generell gilt: Bevor Sie sich an heikle Arten wagen, versuchen Sie es erst mit leichteren. Der günstigste Zeitpunkt für die Umstellung ist das späte Frühjahr oder der beginnende Sommer.

Vorgehensweise

Wählen Sie erst die passende Topfgröße: Groß- oder Kleingefäß? Topfdurchmesser, bei Kleingefäßen auch Topfhöhe? Beachten Sie dazu die Hinweise im Kapitel „Außengefäße und Kulturtöpfe“ (Seite 11). Als nächstes wird die Erdpflanze ausgetopft. Tontöpfe zerschlägt man am besten, um das Wurzelwerk nicht zu verletzen, Plastiktöpfe werden mit der Gartenschere vorsichtig aufgeschnitten. Entfernen Sie dann die Erde, soweit das mit den Fingern möglich ist. Anschließend spült man die noch anhaftende Erde unter sanft fließendem, 20–24 °C warmem Wasser ab. Nach dem Auswaschen darf sich kein Krümel Erde mehr an den Wurzeln befinden; Erdreste würden in der Nährlösung faulen.

Faule und abgestorbene Wurzelreste sind zu entfernen. Zu lange Wurzeln oder ein Zuviel an Wurzelmasse kürzen Sie mit einer Gartenschere ein. Sie brauchen dabei nicht ängstlich zu sein. Die Erdwurzeln nutzen in Hydrokultur nicht mehr viel, und ein Rückschnitt fördert die Neubildung von Wurzeln.

Lassen Sie die Pflanzen nach dem Säubern nicht zu lange liegen, sonst trocknen die Wurzeln aus. Der Blähton wird gut angefeuchtet, ehe man mit dem Eintopfen beginnt; ist er zu trocken, entzieht er der Pflanze die überaus wichtige Feuchtigkeit.

Zuerst füllt man das untere Viertel des Kulturtopfs mit einer Schicht Blähton. Die erdgewohnten Wurzeln sollen nicht gleich direkt ins Wasser kommen, sie würden dort leicht faulen. Beim Einsetzen der Pflanze die Wurzeln nicht zusammenpressen, verteilen Sie sie vielmehr gleichmäßig nach allen Seiten. Achten Sie auch darauf, daß die Pflanzen nicht tiefer kommen, als sie vorher im Erdtopf standen. Der Wurzelhals muß sich im oberen Viertel des Topfes befinden. Wo die Pflanze am Stamm anfängt, grün zu werden, erreichten sie bisher die Lichtstrahlen.

Füllen Sie jetzt mit Blähton auf. Danach stoßen Sie den gefüllten Topf zwei- bis dreimal auf eine feste Unterlage, damit keine Hohlräume bleiben und der Blähton festen Kontakt zu den Wurzeln findet. Schließlich gießt man mit warmem Wasser bis zur Marke „Optimum“ an. Auf eine Düngergabe wird vorerst verzichtet, um die Wurzelbildung anzuregen.

Während der nun folgenden Phase, in der die Pflanze ihr Wurzelsystem auf die Hydrokultur einstellen muß, braucht sie reichlich Licht und – insbesondere im Wurzelbereich – genügend Wärme (20–24 °C). Ein Platz

1

2

3

4

5

6

am Fenster über einem Heizkörper ist ausgesprochen günstig. Vermeiden Sie aber direkte Sonneneinstrahlung. Helfen Sie der Pflanze, indem Sie sie mit einer durchsichtigen, gelochten Folientüte umhüllen. Diese Maßnahme setzt die Verdunstung herab und erhöht zugleich die Luftfeuchte in der direkten Umgebung der Pflanze.

Sollte sich unter der Tüte zuviel Kondenswasser bilden, lüftet man täglich etwa 15 Minuten. Ab der zweiten oder dritten Woche nach dem Umtopfen kann zunehmend länger gelüftet werden. Dadurch härtet man die Pflanzen allmählich ab und gewöhnt sie an ihren späteren, möglicherweise kühleren Standort. Sobald Sie an den Schlitzen des Kulturtopfs frische Wurzeln entdecken, beginnen Sie mit der Düngung. Der schwierige Umstellungsprozeß ist überstanden.

Umstellen von Erd- auf Hydrokultur in sechs Schritten:
1. Erde entfernen
2. Noch anhaftende Erde mit einer Brause gründlich abspülen
3. Faule und abgestorbene Wurzeln entfernen, zu lange Wurzeln einkürzen
4. Eintopfen (Stand nicht tiefer als in Erdkultur) und Blähton einfüllen
5. Mit warmem Wasser angießen
6. Verdunstungsschutz (gelochte Folientüte) über die Pflanze stülpen

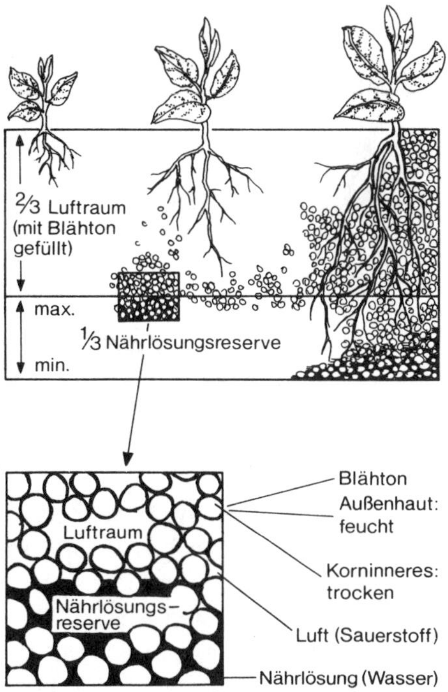

Beim Neueintopfen darf man die erdgewohnten Wurzeln nicht direkt in die Nährlösung bringen, dort würden sie leicht faulen. Sie müssen sich erst umbilden und dann in die Nährlösung hineinwachsen. Das fällt ihnen im oberen, nur mit Blähton gefüllten Teil des Topfes leichter, da die braunen Körner in ihren physikalischen Eigenschaften mehr dem normalen Boden ähneln

Gesunde Pflanzen

Der Anblick schöner Pflanzen hilft Ihnen, persönliche Streßsituationen leichter zu bewältigen. Das belegen wissenschaftliche Studien. Aber nur gesunde Pflanzen machen Freude. Was tun Sie, um Streß von Ihren Pflanzen abzuwenden? Was tun Sie für das Wohlbefinden Ihrer Pflanzen?
Bedenken Sie: Wo und wann immer Ihre Pflanze nicht so wächst, wie sie eigentlich sollte, Blätter abwirft oder andere Symptome aufweist – sie reagiert auf schädliche Einflüsse oder gar auf einen Schock, den sie erlitten hat. Die folgende Checkliste soll Ihnen helfen, Ursachen für schlechtes Wachstum aufzuspüren, Pflegefehler zu erkennen und Ihren Pflanzen künftig Streß zu ersparen. Dabei wird von ausgewählten, häufig anzutreffenden Schadensmerkmalen ausgegangen. Die Empfehlungen zur Abhilfe und Heilung sind in der Regel kurz gehalten; ergänzende Informationen können Sie in den betreffenden Kapiteln nachlesen.

Schadsymptome und Ursachen

Wenn eine Pflanze nicht wächst, sind ihre Lebensbedingungen so beschaffen, daß sie zwar existieren kann, aber zum Bilden neuer Triebe, Blätter oder gar Blüten keine Kraft findet. Ursachen lassen sich natürlich leichter an Schadsymptomen erkennen als an dem Umstand, daß sich nichts tut. Die wohl häufigsten Ursachen für stagnierendes Wachstum sind Licht- und Nährstoffmangel sowie zu niedrige Temperaturen. Die nachfolgend aufgeführten Symptome gehen meist mit fehlender Wüchsigkeit einher.

Braune Blattränder und Blattspitzen
Mögliche Ursachen:

- *Pflanze war zeitweise zu stark ausgetrocknet.*
  Manche Pflanzenarten reagieren auf Wassermangel mit dem Abstoßen von Blättern, andere mit

Welken, wieder andere zunächst mit braunen Blattspitzen; bei anhaltender Trockenheit verfärbt sich dann das ganze Blatt gelb.
Wurde das Gießen kurzzeitig vergessen?

- *Trockene Raumluft erhöht die Verdunstung.*
  Der Effekt ist der gleiche wie bei Wassermangel: die Pflanze kommt mit der Versorgung der Triebe und Blätter nicht nach. Trockene Luft herrscht an sehr heißen Tagen, aber viel mehr noch in geheizten Räumen und in der Umgebung von Heizquellen.
  Steht die Pflanze direkt über einem Heizkörper?
- *Zu hohe Düngegabe im Wasser*
  Salzempfindliche Pflanzenarten zeigen ein für sie schwer erträgliches Übermaß an Dünger zuerst durch braune Blattspitzen an. Möglicherweise haben Sie sich in der Nährstoffkonzentration vertan. Vielleicht enthält Ihr Wasser aber auch sehr hohe Anteile an pflanzenfeindlichen Elementen wie Chlor, Natrium oder – wenn im Überschuß vorhanden – Zink. Schädliches Natrium kann über eine Enthärtungsanlage in die Nährlösung gelangen.
  Wie oft und wieviel düngen Sie? Wechseln Sie bei Flüssigdüngung regelmäßig die Nährlösung?
  Wie steht es mit der Wasserqualität an Ihrem Wohnort?
  Betreiben Sie eine Enthärtungsanlage? Wenn ja, arbeitet sie mit Kochsalz?

Blätter werden gelb und fallen ab
Mögliche Ursachen:

- *Die Pflanze war vorübergehend ausgetrocknet.*
  Pflanzen in Hydrokultur muß man weniger häufig gießen als solche in herkömmlicher Erdkultur. Das heißt jedoch nicht, daß wir sie einem Trockenstreß aussetzen dürfen. Und trockene Luft, besonders über einem warmen Heizkörper, fördert die Verdunstung. Die Pflanzen brauchen dann sehr viel mehr Wasser als an einem kühleren Standort. In trockener Umgebungsluft sind vor allem Pflanzenarten mit hohem Wasserbedarf gefährdet.
  Wurde vielleicht mal zu spät Wasser nachgefüllt?
  Steht die Pflanze direkt über einem warmen Heizkörper oder an einem sonnigen Fenster?
- *Giftige Stoffe in der Luft*
  Pflanzen bauen Luftschadstoffe ab, aber auch hier gilt: zuviel ist ungesund. Ausdünstungen von Klebstoffen, Lacken, Holzschutzmitteln u. ä. können schädlich bis tödlich auf die Pflanzen wirken.

Blattfall ohne vorherige Verfärbung ist bei der Zimmerbirke oft auf Lichtmangel zurückzuführen. Auch ein plötzlicher Wechsel des Standorts kann die Ursache sein

Wurde in letzter Zeit mit luftverunreinigenden Chemikalien im Raum gearbeitet?
Waren Handwerker (Maler, Teppichleger) im Haus?

Blattfall ohne vorherige Verfärbung (z. B. bei der Zimmerbirke)
Mögliche Ursachen:

○ *Ungenügende Lichtverhältnisse am Standort*
Die Pflanze erhält in solchen Fällen zu wenig Energie für ihren Stoffwechsel. Um ihr Überleben zu sichern, stößt sie einen Teil des Laubes ab und konzentriert die Versorgung auf die verbliebenen Blätter. Besonders gefährdet sind lichthungrige Pflanzenarten bei wochenlang trübem Winterwetter; das Risiko einer Schädigung erhöht sich, wenn sie weit vom Fenster entfernt stehen.
Welche Jahreszeit herrscht zum Zeitpunkt des Blattfalls (geringe Lichteinstrahlung in den Wintermonaten in Betracht ziehen)?
Steht die Pflanze an einem Nordfenster oder ist sie zu weit im Raum plaziert?
Stand die Pflanze längere Zeit im Dunkeln?
Waren tagsüber vielleicht die Rollläden geschlossen?
Stößt die Pflanze alte Blätter ab?

- *Lufttrockenheit nach dem Umtopfen*
  Ist die Pflanze frisch umgetopft, muß sie neue Wurzeln bilden. In dieser Phase stockt die Versorgung mit Wasser.
  Haben Sie einen Schutz (Folienhaube) gegen übermäßige Verdunstung vorgenommen?
- *Zugluft, starke Raumtemperaturschwankungen*
  Kalte Luftströme sind Gift für viele tropische Gewächse, die reichlich Wärme und Luftfeuchte sowie ausgeglichene Temperaturverhältnisse benötigen. Besonders empfindlich reagiert beispielsweise der Wunderstrauch (Kroton).
  Stehen Tropenpflanzen in kalter Zugluft?
- *Abrupter Standortwechsel*
  Pflanzen gewöhnen sich an einen Standort und fühlen sich dort heimisch. Auf eine Umstellung mit neuen Bedingungen können sie anfällig reagieren.
  Ist der Blattfall auf einen Wechsel des Standorts zurückzuführen?
  Hat die Pflanze vielleicht auf einem Transport gelitten?
- *Schädlingsbefall*
  Ein starker Schädlingsbefall, z. B. durch Spinnmilben, kann der Pflanze soviel Kraft entziehen, daß sie einen Teil ihrer Blätter nicht mehr ernähren kann und deshalb abwirft.
  Haben Sie vor allem die Blattunterseiten schon auf Schädlingsbefall untersucht?
  Steht die Pflanze übermäßig warm?
  Sind die Grundvoraussetzungen für ein gesundes Pflanzenwachstum erfüllt?

Geilwuchs der Triebe, ausbleichendes Blattgrün (z. B. bei Yucca)
Mögliche Ursachen:

- *Zu wenig Licht bei zu warmem Stand*
  Auf die gleichen Negativeinflüsse reagieren die einzelnen Pflanzenarten teilweise sehr unterschiedlich. Während die Zimmerbirke (*Ficus benjamina*) auf Lichtmangel mit Blattfall antwortet, bleichen bei der Palmlilie (*Yucca*) die Blätter aus; das Blattgrün wird vermindert. Das kann so weit gehen, daß an einer verzweigten Pflanze die Blätter direkt am Fenster frisch und grün aussehen, die Blätter im Schatten aber deutliche Schadsymptome aufweisen.
  Ranker haben unter unzureichenden Lichtbedingungen keine Kraft, schöne, große Blätter auszubilden und suchen mit dünnen, langen Trieben möglichst schnell dem Licht zuzuwachsen. Die Folge ist eine unschöne Wuchsform mit sehr

kleinen Blättern und ungewöhnlich langen Triebstücken, die der Fachmann als „geil“ bezeichnet.

- *Unterernährung*
  Wenn die Nahrung fehlt, nutzen selbst optimale Lichtverhältnisse nichts. Nach dem Gesetz des Chemikers Justus Liebig (1803–1873) ist der ungünstigste Wachstumsfaktor ausschlaggebend für das Gedeihen der Pflanze. Nicht nur fehlende Helligkeit, auch Düngermangel kann zu kleine und zu helle Blätter verursachen.
  Die Kontrollfragen finden Sie im nächsten Abschnitt.

Erst chlorotisch fahle, dann weißliche Blätter, die vom Rand her absterben

Mögliche Ursachen:

- *Düngermangel*
  Gießmuffel raffen sich oft erst in letzter Minute auf, den Pflanzen Wasser zu geben, vergessen aber das Düngen. Das rächt sich auf Dauer. Die Pflanze braucht nicht nur Flüssigkeit, sondern auch Mineralstoffe zu ihrer Ernährung. Achten Sie darauf, die empfohlene Nährstoffkonzentration einzuhalten. Wenn Sie schnellwachsende Pflanzenarten mit Langzeitdünger versorgen, kann in Zeiten starken Wachstums die übliche Dosis zu niedrig sein. Auch können Dauerdünger in weichem Wasser ihre Wirkung nicht entfalten, da sie zum Freiwerden der Nährstoffionen Kalk als Austausch benötigen.
  Wann und wie stark haben Sie das letzte Mal gedüngt?
  Ist Ihr Wasser sehr weich? (Mit Meßstäbchen prüfen oder Wasserhärte bei der zuständigen Ortsverwaltung erfragen)
- *Falscher pH-Wert des Gießwassers*
  Die meisten Pflanzen kommen gut mit einem pH-Wert zwischen 5 und 6,5 aus. Kritisch wird es bei pH-Werten unter 5 und über 7. Herkömmliche Erddünger enthalten Harnstoff, der den pH-Wert sehr schnell in schädliche Höhen treibt.
  Wie sieht der pH-Wert Ihres Gießwassers aus?
  Verwenden Sie einen speziell für Hydrokulturpflanzen entwickelten Dünger?
- *Kalkmangel*
  Kalkmangel erkennen Sie daran, daß sich die zweitjüngsten Blätter chlorotisch verfärben, während sich die ganz jungen Blätter ausgeglichen grün entfalten.
  Welche Härte weist Ihr Gießwasser auf?
  Zeigen sich die Symptome an den jüngsten oder an den zweitjüngsten Blättern?

Braune Flecken auf den Blättern, das Gewebe stirbt ab

Mögliche Ursachen:

- *Starke Sonneneinstrahlung*
  Hinter Fensterglas entfalten Sonnenstrahlen manchmal Brennwirkung. Die Blattemperatur wird unerträglich hoch, das Blattgrün verschmort.
  Steht die Pflanze direkt an einem vollsonnigen Südfenster?
  Wurde vergessen, die Jalousie zum Schattieren herunterzulassen?
- *Zuviel Blattglanz*
  Eine übermäßige Verwendung von Blattglanz verursacht Schäden an den Blättern.
  Weisen die Blätter mit braunen Flecken einen leicht öligen Glanz auf?
- *Blattglanz-Spraydose zu dicht an die Blätter gehalten*
  Blatt- oder Pflanzenschutzsprays arbeiten meist mit einem Treibmittel. Mit der Sprühdose zu nahe an die Pflanze heranzugehen, kann Kälteschäden verursachen (z. B. bei *Dracaena fragrans* 'Massangeana').
  Haben Sie beim Sprayen den Mindestabstand von 30 cm nicht eingehalten?
- *Hohe Giftstoffkonzentration in der Luft*
  Toxische Stoffe in höheren Konzentrationen können zu Blattfall, aber auch zu Blattverbrennungen führen. Diese Schädigung tritt vor allem in Hallenbädern auf, da dort mit Chlor desinfiziert wird.

Braune Wurzeln, Nährlösung riecht unangenehm, Pflanze kümmert

Mögliche Ursachen:

- *Zu hoher Wasserstand*
  Die Wurzeln sind infolge Sauerstoffmangel abgestorben.
  Wieviel Zeit benötigte die Pflanzung, um den Wasservorrat völlig aufzubrauchen?
  Haben Sie öfter nachgegossen, bevor der Wasserstandsanzeiger auf „Minimum" stand?
- *Zu kühle Temperaturen im Wurzelbereich*
  Kalte Füße machen Pflanzen krank. Die meisten Pflanzenarten verschmerzen kühlere Lufttemperaturen, nehmen aber eine Unterkühlung im Bereich der Nährlösung ausgesprochen übel.
  Wie hoch ist die Temperatur der Nährlösung?
  Steht das Gefäß auf einer kalten Fläche oder an einer schlecht isolierten Außenwand?

Die Pflanzen setzen keine Blüten an

Mögliche Ursachen:

- *Zu dunkler Stand*
  Die meisten Pflanzen haben einen

Mindestlichtbedarf, um Knospen anzusetzen. Bei Anthurien beträgt dieser Wert 800 Lux. Hibiskus braucht viel mehr Licht, *Spathiphyllum*, das Einblatt, kommt mit weniger aus. Christusdorn braucht volle Sonne und sehr hohe Lichtstärken (2500 und mehr Lux).

Sie lieben blühende Pflanzen. Haben Sie bei der Auswahl die Lichtverhältnisse am Standort berücksichtigt?

- *Falsche Tageslänge*
  Viele Pflanzen blühen unabhängig von der Tageslänge, aber einige benötigen bestimmte Tageslängen zur Bildung ihrer Blüten. Man unterscheidet Kurztagspflanzen (Blühreife durch eine Belichtung unter 12 Stunden) und Langtagspflanzen (Blühreife durch eine Belichtung über 12 Stunden).

Weißer Belag auf dem Blähton

Mögliche Ursachen:

- *Kalk- und Nährsalzablagerungen an der Blähtonoberfläche*
  Sie denken vielleicht an gefährliche Pilze, doch der Belag ist harmlos. Die Nährlösung steigt am Blähton hoch, verdunstet an der Oberfläche und läßt dort die Salze zurück.

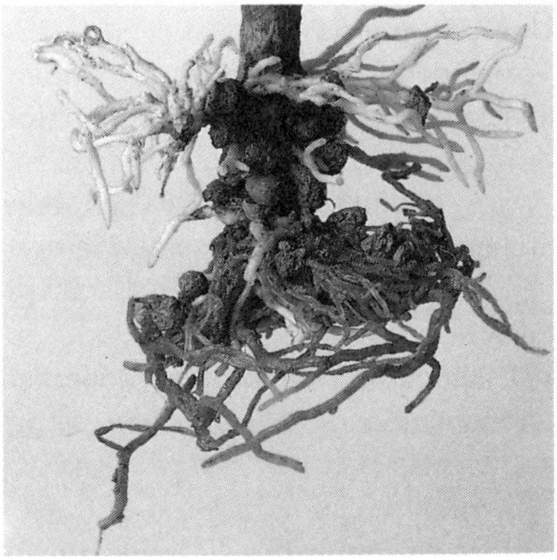

Wegen eines zu hohen Wasserstands – verstärkt durch kalten Fuß – sind die unteren Wurzeln verfault. Im oberen, luftigeren Bereich hat sich ein neuer, atmungsaktiver Wurzelkranz gebildet

Ein weißer Belag auf der obersten Blähtonschicht deutet nicht auf Pilzbefall, sondern auf hartes, salzreiches Gießwasser ihn. Es handelt sich dabei um Kalk- und Nährsalzablagerungen

Hilfe für kränkelnde Pflanzen

Zu dunkler Stand, d. h. unzureichende Versorgung mit Licht

- Helleren Standort wählen
- Zusatzbelichtung mit speziellen Pflanzenleuchten
- Wählen Sie für einen lichtarmen Standort schattenverträgliche Pflanzenarten aus.
- Zusatztip: Ein niedriger Wasserstand mildert den Schaden, ein zu hoher verstärkt ihn. Lichtmangel tritt vor allem in den dunklen Wintermonaten auf. Überprüfen Sie doch einmal die Beleuchtungsstärke mit einem Luxmeter.

Zuviel Licht, grelle Sonneneinstrahlung

- Jalousie zum Schattieren
- Pflanzenarten mit hohem Lichtbedarf auswählen
- Pflanze an einen anderen, geeigneteren Platz stellen

Falsche Tageslänge für Blüher

Weihnachtsstern und Flammendes Kätchen (Kalanchoe) blühen nur, wenn die Tageslänge deutlich unter 12 Stunden liegt. Stellen Sie diese Pflanzen in einen Raum, der abends dunkel bleibt.

Zu hoher Wasserstand

Alte Nährlösung aus Großgefäßen absaugen bzw. bei Kleingefäßen wegschütten, Wasserstand reduzieren, eventuell einige Trockentage als Sauerstoffkur für die Wurzeln einlegen (nicht übertreiben), zunächst nur sparsam gießen, damit die Pflanzen neue Wurzeln bilden können.

Nährstoffmangel

- Regelmäßig düngen
- Einen auf das Gießwasser abgestimmten Hydrokulturdünger verwenden
- Kalkzugabe bei zu weichem Wasser
- Langzeitdünger für weiche Wässer

Überdüngung

Vorhandene Nährlösung verdünnen, in schweren Fällen absaugen, den Ton gut durchspülen, zunächst nur mit Wasser auffüllen, beim zweiten oder dritten Gießen Dünger beimischen.

Falscher pH-Wert

Vorhandene Nährlösung entfernen und gegen eine neue, richtig eingestellte austauschen.

Untertemperatur der Nährlösung

- Rollen oder Unterbauten unter die Gefäße
- Heizmatte
- Wärmerer Standort

Bei trockener Raumluft sollten Tropenpflanzen mit einem Wasserzerstäuber übersprüht werden

Bei Pflanzen, die eine Benetzung der Blätter nicht vertragen, wird die Umgebung eingenebelt

Zu hohe Temperatur der Nährlösung

- Isolierung gegen die Heizquelle mit Rollen oder einem anderen Abstandhalter oder mit einer Styroporplatte
- Standort verändern

Zu niedrige Luftfeuchte

- Quellstein in die Pflanzung geben
- Blätter mit Wasser einsprühen
- Zusatztips: Blühende Pflanzen vorsichtshalber nicht direkt ansprühen. Übersprühte Pflanzenteile sollten bis zum Abend abgetrocknet sein, sonst könnte es zu Fäulnis kommen.

Zu hohe Luftfeuchte

Öfter die Fenster aufmachen und durchlüften, eventuell die Heiztemperatur etwas erhöhen.

Oben links: Die Hochblätter der Flamingoblume bringen rote Farbtupfer in diese Großpflanzung aus Arekapalmen, Drachenbäumen, Königswein *(Cissus rhombifolia)* und anderen Gewächsen
Oben rechts: Um richtig zur Geltung zu kommen, braucht dieser stattliche *Philodendron* einen separaten Platz

Unten: Bei der Gestaltung von Pflanzwannen läßt sich durch Auswahl und Anordnung der Gewächse ein reizvolles Auf und Ab erzielen. Bepflanzung (von links): Pisonie *(Pisonia umbellifera)*, Kletterfeige, *Philodendron*, Kroton, Hibiskus und weißbunte Efeutute *(Epipremnum pinnatum)*

Zugluft
- ○ Empfindlichen Pflanzenarten einen anderen Standort geben
- ○ Beim Kauf die Pflanzen standortgerecht auswählen

Standortveränderung
- ○ Gewöhnen Sie die Pflanzen langsam an den neuen Standort.
- ○ Vermeiden Sie es, die Pflanzen bei Extremtemperaturen zu transportieren. Ist es dennoch einmal nötig, so müssen sie gut gegen Kälte geschützt werden. Achten Sie aber darauf, daß Sie die Gewächse möglichst keinen Temperaturen unter 10 °C aussetzen – auch nicht kurzzeitig. Ebenso schädlich wäre es, wenn man sie im Sommer im geschlossenen Auto auf vollsonnigem Parkplatz stundenlang stehen ließe.

Weißer Belag auf der Blähtonoberfläche
Wenn Sie sich daran stören, tauschen Sie einfach die oberste Blähtonschicht aus. Gießen Sie von oben, dann werden die Kalkionen in die Nährlösung zurückgespült.

Schädlinge an Hydropflanzen

Jede Pflanze hat eine gewisse Widerstandskraft gegen Krankheiten und Schädlinge, die aber nachläßt, sobald ihre Lebensbedingungen nicht dem Optimum entsprechen. Wie in vielen Bereichen gilt auch hier, rechtzeitig den Anfängen zu wehren; einzelne Schädlinge lassen sich leichter bekämpfen als eine Ungezieferkolonie. Kontrollieren Sie daher Ihre Pflanzen regelmäßig auf Schaderreger.
Im Sommer ist die Wahrscheinlichkeit eines Befalls besonders hoch. Die Schädlinge gelangen oft von umliegenden Feldern in Ihre Wohnung. Richten Sie Ihr Augenmerk vor allem auf die Neuaustriebe, denn meist werden junge Pflanzenteile befallen. Mit einer stetigen Kontrolle fällt es Ihnen leicht, auch Pflanzen gesund zu halten, die vergleichsweise häufig von Schädlingen befallen werden. Bei Verwendung von Pflanzenschutzmitteln sind die auf der Packung angegebenen Vorsichtsmaßregeln einzuhalten.

Bild oben: „Hydrodschungel" in einem Wintergarten etwa 18 Monate nach der Pflanzung. *Ficus pumila* als Boden- und Säulenranker verstärkt den Eindruck vom üppig wuchernden Grün

Unten: Der Blick in dieses Zimmer zeigt: die Begrünung von Innenräumen kennt (fast) keine Grenzen. Die Hydrokultur bietet heute ein breitgefächertes Sortiment an Gefäßen und Pflanzen

Blasenfüße (Thripse)

Blasenfüße leben versteckt und sind schwer zu erkennen. Man kann sie aufspüren, indem man ein weißes Blatt Papier unter die Pflanze hält und leicht auf die Blätter oder Blütenstiele klopft. Bei Befall sehen Sie auf dem Papier winzige, längliche Insekten laufen. Stark befallene Teile weisen weiße, silbrig glänzende Flecken auf. Blasenfüße werden mit Pflanzenschutzspray bekämpft, das man im Abstand von fünf Tagen anwendet.

Blattläuse

Es gibt Pflanzenarten, die manche Schädlinge geradezu magisch anziehen – so der Hibiskus die Blattläuse. Sie lassen sich relativ einfach bekämpfen, z. B. durch einmaliges Besprühen mit „Lizetan“ oder ähnlichen Mitteln. Der Erfolg ist meist hundertprozentig. Aber selbst regelrechte „Läusepflanzen“ können Ihnen Freude bereiten, wenn Sie das ungiftige „Wacker-Systemschutz D“ dem Gießwasser zugeben. Die Pflanze nimmt den Wirkstoff über die Wurzeln auf und transportiert ihn zu den Stengeln, Blättern und Blüten. Die saugenden Schädlinge werden durch den im Pflanzensaft enthaltenen Wirkstoff getötet.

Schild- und Wolläuse

Durch ihre schildartige Rückenhaut sind Schild- und Wolläuse gut gegen Spritzungen geschützt. Bekämpfen lassen sie sich eigentlich nur im Jugendstadium, solange sie noch wandern. Alte Tiere entfernen Sie am besten mit Lappen und Seifenwasser. Stark befallene Pflanzenteile lohnen keine Bekämpfung. Schneiden Sie sie ab oder werfen Sie die ganze Pflanze weg. Eine Bekämpfung mit Pflanzenschutzspray ist nur aussichtsreich, wenn man sie im Abstand von etwa fünf Tagen wiederholt. Ansonsten hat sich Blattglanzspray gegen Schild- und Wolläuse bewährt, weil sie durch den öligen Film in Atemnot geraten.

Schildläuse sind an ihren runden oder ovalen Rückenschilden gut zu erkennen

Spinnmilben

Spinnmilben bereiten die meisten Sorgen an warmen, lufttrockenen Standorten, lassen sich aber oft ganz ohne Gift mit Blattglanz ausschalten. Die etwa 0,5 mm großen Insekten sitzen immer an der Blattunterseite und sind mit einer Lupe gut zu sehen. Sie können auf nahezu allen Pflanzenarten vorkommen. Bei längerem Befall zeigen sich feine Gespinstfäden, die Blattoberseiten sind weißlich gesprenkelt. Zur Bekämpfung wird mit einem Pflanzenschutzmittel mehrmals im Abstand von etwa fünf Tagen gesprayt. Vorbeugend kann man die Pflanzen öfter mit Wasser besprühen, um ihnen die Luftfeuchte zu erhöhen.

Bei der Kontrolle auf Schädlingsbefall ist eine Leselupe sehr hilfreich

Weiße Fliegen schädigen die Pflanzen vor allem durch ihre Saugtätigkeit

Weiße Fliege (Mottenschildlaus)

Weiße Fliegen sitzen an den Blattunterseiten. Berührt man die Blätter, fliegen sie auf. Eine Bekämpfung sowohl der ausgewachsenen Stadien als auch der Larven ist wegen der Widerstandsfähigkeit dieser Insekten nicht ganz einfach. Die Anwendung von Pflanzenschutzsprays macht nur Sinn, wenn man die Pflanzen mehrmals im Abstand von vier bis fünf Tagen besprüht. Auch der Einsatz von Schlupfwespen als natürlichen Feinden kann bei starkem Befall in Erwägung gezogen werden; die Erfolgsaussichten sind gut.

Hydrokultur kurzgefaßt: 12 Tips für Anfänger und Fortgeschrittene

Wie alle Pflanzen brauchen Hydropflanzen Licht, Luft, Wasser, Wärme, Nährstoffe und – als lebende Wesen – natürlich liebevolle Pflege.

Dazu einige Tips:

1. Wasser erst dann wieder auffüllen, wenn der Wasserstandsanzeiger auf „Null“ oder „Minimum“ steht. So bekommen die Wurzeln Luft zum Atmen.
2. Die meisten Pflanzen lieben einen hellen Standort ohne grelle Sonneneinstrahlung. Detaillierte Hinweise finden Sie im Kapitel über den Lichtbedarf, in der nachfolgenden Tabelle oder auf Pflegekärtchen. Unzureichende Helligkeit erfordert Zusatzlicht.
3. Zimmerpflanzen sind meist tropische Gewächse, die Temperaturen zwischen 18 und 25 °C mögen. Besonders die Wurzeln reagieren empfindlich auf Wärmeentzug.
   Schränken Sie bei kühlen Temperaturen das Gießen drastisch ein. Wo Temperatur und Licht nicht ausreichen, verbrauchen die Pflanzen nur sehr wenig Nährlösung. Ein Wasserstand von 0,5–1 cm genügt in diesen Fällen vollauf. Auch Kakteen brauchen nur wenig Wasser.
4. Langzeitdünger ist praktisch. Ein Eßlöffel reicht für vier bis sechs Monate. Eine gute Flüssigdüngung hält den pH-Wert stabil. Geben Sie bei kalkarmem (weichem) Wasser Kalk hinzu oder verwenden Sie „Lewatit plus“.
5. Bei trockener Luft verdunsten Pflanzen Wasser schneller, als die Wurzeln es nachliefern. Blattspitzen und -ränder werden braun und sterben ab. Hier hilft ein Übersprühen mit kalkfreiem Wasser oder der Einbau eines Quellbrunnens in die Pflanzung.
6. Zu lange Triebe kann man ohne Angst zurückstutzen, am besten im Frühjahr und Sommer, wenn die Pflanze reichlich Kraft zum

Neuaustrieb hat. Ein solcher Verjüngungsschnitt tut Ihrer Pflanze gut.

7. Manschetten erleichtern den Austausch von Pflanzen im Großgefäß. Sie erweisen sich als besonders vorteilhaft, wenn das Arrangement öfter verändert werden soll.
8. Bei längerer Abwesenheit stellt man Hydropflanzen aus Kleingefäßen in eine große Wanne, füllt Wasser bis zur Marke „Optimum" ein und sorgt für genügend Licht und Wärme.
9. Gegen tierische Schädlinge helfen „Bio-Blattglanz" und „Wacker-Systemschutz D". Zeigen diese Mittel keine Wirkung, verwendet man Pflanzenschutzsprays. Krankheiten treten in Hydrokultur zum Glück kaum auf.
10. Nach einem Umtopfen sollten Sie die Pflanzen mit einer gelochten Folie umhüllen. So sorgen Sie für einen Verdunstungsschutz und beugen Blattfall vor.
11. Quellbrunnen, in Pflanzungen integriert, erhöhen die oft zu niedrige Luftfeuchte in unseren Wohnräumen. Die Brunnen verdunsten bis zu 20 l Wasser pro Woche.
12. Pflanzen entgiften die Raumluft und schützen die Atemwege vor gesundheitsschädlichen Stoffen. Mit Pflanzen in der Wohnung und am Arbeitsplatz betreiben Sie aktive Gesundheitsvorsorge.

Bewährte Hydropflanzen von A bis Z

Pflanzenname	Temperatur	Standort	Hinweise und Tips
Aglaonema commutatum Kolbenfaden	18–24 °C	●	robuste Beipflanze an dunklen Standorten, bei zu viel Sonne Aufhellung der Blätter, dunkle Flecken auf alten Blättern = Kälteschaden
Anthurium andreanum Große Flamingoblume	18–24 °C	◐–○	bildet unter 800 Lux keine neuen Blüten, blüht ansonsten mehrmals im Jahr
A. paraguayense Paraguay-Anthurie	16–24 °C	●–○	unempfindliche Neueinführung, gute Beipflanze, kommt mit äußerst wenig Licht aus
A. scherzerianum Kleine Flamingoblume	18–24 °C	◐–○	empfindlich gegen hohen Wasserstand, braune Blattränder bei zu hohem Salzgehalt
Asparagus falcatus Zierspargel	16–24 °C	◐–○	für Tisch- und Großgefäße geeignet, schwere Triebe älterer Pflanzen stäbeln
Aucuba japonica Aukube	10–20 °C	●–◐	in kühlen Räumen hart und ausdauernd, bei warmem Stand auf Spinnmilben achten
Beaucarnea recurvata Elefantenfuß	10–24 °C	◐–○	nicht übergießen! Geringer Wasserbedarf, besticht durch ihre ausgefallene Form
Cactaceae Kakteen		☼	niedriger Wasserstand überaus wichtig, Kühlperiode bei 3–10 °C fördert Blütenbildung, in dieser Zeit nur ganz leicht von oben gießen
Chamaedorea elegans Bergpalme	16–20 °C	●–◐	mehrere Sämlinge als Tuff zusammenpflanzen, bei warmem Stand auf Spinnmilben achten, häufig übersprühen

● = schattig ◐ = halbschattig ○ = hell, ohne allzu direkte Sonne ☼ = sehr hell, verträgt direkte Sonneneinstrahlung

Pflanzenname	Temperatur	Standort	Hinweise und Tips
Chamaedorea seifrizii	16–24 °C	● – ◐	wenig bekannte, schlanke Solitärpflanze, sehr robust auch an schattigen Plätzen
Chrysalidocarpus lutescens Goldfruchtpalme, Areka	18–24 °C	◐ – ○	Blätter verfärben sich bei voller Sonne goldgelb, braune Blattspitzen bei zu viel Dünger, schwarzbraune Blätter bei kühlem Stand
Cissus rhombifolia Königswein	16–24 °C	◐ – ○	gut als Bodendecker, aber auch zum Aufbinden an Stäbe, bei Haltung unter 15 °C braune Blattflecken, gelbe Blattflecken und Blattfall = zu viel Wasser
Codiaeum variegatum Wunderstrauch, Kroton	18–24 °C	○	schöne Blattfärbung bei gutem Licht, liebt einen warmen Standort bei hoher Luftfeuchte, Blattfall bei Zugluft oder zu kühlen Temperaturen, verträgt keinen hohen Wasserstand
Cordyline fruticosa Keulenlilie	18–24 °C	◐ – ○	liebt es warm mit hoher Luftfeuchte, häufiges Besprühen beugt Spinnmilbenbefall vor, braune Blattspitzen bei Überdüngung
C. fruticosa 'Red Edge'	18–24 °C	◐ – ○	die kleinblättrige Sorte eignet sich gut für Tischgefäße, schöne Wirkung durch Zusammenpflanzen mehrerer Stecklinge
C. stricta	12–24 °C	◐ – ○	im Frühjahr mit blauen Blütenständen, unempfindlich und robust, besonders attraktiv als Tuff
Dieffenbachia Dieffenbachie	18–24 °C	◐	am robustesten sind die 'Tropic'-Sorten, zu hohe Pflanzen zurückschneiden, vor praller Sonne schützen! Auf Spinnmilben achten

● = schattig ◐ = halbschattig ○ = hell, ohne allzu direkte Sonne ☼ = sehr hell, verträgt direkte Sonneneinstrahlung

Pflanzenname	Temperatur	Standort	Hinweise und Tips
Dizygotheca elegantissima Fingeraralie	18–24 °C	◐– ○	recht unempfindlich sind Veredelungen oder die Sorte 'Castor', Sämlinge werfen leicht die Blätter
Dracaena deremensis Drachenbaum	18–24 °C	◐– ○	zu dunkler Stand oder anhaltender Düngermangel verursacht braune Blattflecken
D. fragrans	18–24 °C	●– ◐	sehr gute Pflanze für dunkle Standorte, beliebt als Stamm mit Austrieben
D. fragrans 'Massangeana'	18–24 °C	◐– ○	die gelbgestreifte Sorte braucht mehr Licht, empfindlich gegen kalte Luft, nicht zu stark mit Blattglanz besprühen
D. marginata	18–24 °C	◐– ○	schön in allen Größen, geeignet als Tischgefäß- wie auch als verzweigte Solitärpflanze, auf Spinnmilben achten, empfindlich gegen Fußkälte: die Wurzeln sterben ab
D. marginata 'Tricolor'	18–24 °C	○	die bunten Sorten benötigen viel Licht und eine hohe Luftfeuchte, braune Blattspitzen durch zu viel Dünger oder zu trockene Luft
D. reflexa	18–24 °C	●– ◐	langsam wachsend, verträgt dunklen Stand, dekorativ durch ihren bizarren Wuchs
D. reflexa 'Song of India'	18–24 °C	◐– ○	botanische Kostbarkeit, wächst sehr langsam, liebt hellen Standort ohne pralle Sonne
D. sanderiana	18–24 °C	◐– ○	schön in Tuffs, braune Blattspitzen bei zu dunklem Stand oder zu trockener Luft, hohe Pflanzen zurückschneiden

● = schattig ◐ = halbschattig ○ = hell, ohne allzu direkte Sonne ☼ = sehr hell, verträgt direkte Sonneneinstrahlung

Pflanzenname	Temperatur	Standort	Hinweise und Tips
Epipremnum pinnatum Efeutute	18–24 °C	● – ○	beliebtester Ranker, bunte Blattfärbung bei hellem Stand, kommt aber auch mit wenig Licht aus, empfindlich gegen Temperaturen unter 16–18 °C
Euphorbia x *lomii* Christusdorn	18–24 °C	☼	eifriger Dauerblüher auf der hellen Fensterbank, verträgt volle Sonne, empfindlich gegen Standortwechsel
E. tirucalli	18–24 °C	☼	bizarre dünne Stengel, fast ohne Blätter, robust an hellen bis hochsonnigen Standorten
E. 'Hermentiana' Säuleneuphorbie	18–24 °C	☼	die säulenartig wachsenden Pflanzen treiben nach einem Rückschnitt unterhalb der Schnittstelle mit mehreren Trieben aus, Achtung: der Wolfsmilchsaft ist giftig (mit Handschuhen arbeiten!), nicht übergießen, sonst drohen bei niedrigen Temperaturen schwarze Flecken am Wurzelhals und Fäule, Mehltaugefahr bei zu hoher Luftfeuchte und kühlem Stand
Fatsia japonica Zimmeraralie	14–20 °C	◐	robust und anspruchslos an kühlen Standorten normale Zimmertemperatur ist schon zu warm
Ficus benjamina Zimmerbirke	18–24 °C	○	lichthungrig, verliert bei Lichtmangel von unten her die Blätter, eine der beliebtesten Pflanzen überhaupt, Nährstoffmangel zeigt sich in blassen jungen Blättern, in der dunklen Jahreszeit auf niedrigen Wasserstand achten!

● = schattig ◐ = halbschattig ○ = hell, ohne allzu direkte Sonne ☼ = sehr hell, verträgt direkte Sonneneinstrahlung

Pflanzenname	Temperatur	Standort	Hinweise und Tips
F. elastica 'Decora' Gummibaum	18–24 °C	◐ – ○	der gute, alte Gummibaum ist sehr robust, große, gestutzte Pflanzen bilden schöne Krone
F. lyrata Geigenfeige	18–24 °C	◐ – ○	prächtige Solitärpflanze für große Räume, Triebspitze ausknipsen, damit sie nicht eintriebig wächst
F. pumila Kletterfeige	16–24 °C	◐ – ○	wie Efeu selbstklimmend, kann Wandflächen begrünen, nicht für zu dunklen Standort, nie trocken stehen lassen, gut als Unterpflanze zu *Yucca* und *Dracaena*, auf Wolläuse achten, nicht zu stark mit Blattglanz besprühen
F. rubiginosa Australische Feige	14–20 °C	◐ – ○	hervorragend für kühlen Standort, dann wenig Wasser, braune Blattränder meist durch zu dunklen Stand
Hedera helix Efeu	12–20 °C	◐ – ○	Bodendecker für kühlen Standort, nicht in Heizungsnähe plazieren, Spinnmilbenbefall bei zu viel Wärme
Hibiscus rosa-sinensis Roseneibisch	16–24 °C	○ – ☼	braucht viel Licht und Dünger, stößt Knospen bei zu dunklem Stand ab, „Wacker-Systemschutz D" vorbeugend gegen Läuse in die Nährlösung geben
Howeia forsteriana Kentiapalme	16–24 °C	◐ – ○	wächst zu prächtigen Exemplaren heran, pralle Sonne verursacht Blattverbrennungen, dankbar auch an schattigen Standorten

● = schattig ◐ = halbschattig ○ = hell, ohne allzu direkte Sonne ☼ = sehr hell, verträgt direkte Sonneneinstrahlung

Pflanzenname	Temperatur	Standort	Hinweise und Tips
Monstera Fensterblatt	18–24 °C	● – ◐	haltbar auch an schattigem Standort, braune Blattränder durch zu viel Wasser, zu hohen Salzgehalt der Nährlösung oder durch Kalimangel
Pachypodium lameri Madagaskarpalme	18–24 °C	☼	Pflege wie Kakteen, werfen stets einen Teil ihrer Blätter ab, nur der oberste Blattschopf bleibt stehen
Pandanus veitchii Schraubenbaum	mind. 18 °C	◐ – ○	dekorative Solitärpflanze, braucht viel Platz, unempfindlich gegen alle Widrigkeiten, jedoch wirken Temperaturen unter 16–18 °C tödlich
Peperomia Zwergpfeffer	18–24 °C	○ – ☼	viel Licht, mag warmen Standort und niedrigen Wasserstand, zu hohe Luftfeuchte führt zu Verkorkungen auf den Blättern
Philodendron erubescens Baumfreund	18–24 °C	◐ – ○	mehrere Stecklinge an Stäben aufbinden, Rückschnitt ergibt schönere Form, auf Bodenwärme achten
P. scandens Kletter-Baumfreund	18–24 °C	● – ○	Ranker für schlechte Lichtverhältnisse, bildet bei allzu dunklem Stand und Düngermangel jedoch kleine Blätter und lange Triebe
P. tuxtlanum	18–24 °C	● – ○	kompakter wachsend als *P. erubescens*, gut geeignet als Beipflanze im Großgefäß
Polyscias balfouriana Fiederaralie	18–24 °C	○	beliebt als kleine Stämme mit mehreren Austrieben, wollen viel Wärme und Luftfeuchte, auf Läuse achten

● = schattig ◐ = halbschattig ○ = hell, ohne allzu direkte Sonne ☼ = sehr hell, verträgt direkte Sonneneinstrahlung

Pflanzenname	Temperatur	Standort	Hinweise und Tips
Sansevieria trifasciata Bogenhanf	18–24 °C	● – ○	äußerst robust und eigentlich nicht unterzukriegen, lediglich Temperaturen unter 16 °C verbunden mit hohem Wasserstand wirken tödlich
Schefflera actinophylla Strahlenaralie	16–22 °C	● – ○	sehr dankbare Solitärpflanze, unter 12 °C Laubfall, übermäßige Wärme führt zu gelben Blättern
S. arboricola Mini-Schefflera	18–24 °C	◐ – ○	im Winter Wasserstand niedriger halten, sonst droht Stammfäule, braucht mehr Licht und Wärme als *S. actinophylla*
Spathiphyllum floribundum Einblatt, Blattfahne	18–24 °C	● – ○	dankbarer Blüher auch unter widrigen Lichtverhältnissen, kaum Krankheiten und Schädlinge, braune Blattränder durch Düngermangel
Syngonium podophyllum Purpurtute	18–24 °C	● – ○	bei zu kühlem Stand beginnen einzelne Blätter zu faulen, zu lange Triebe stutzen, gut geeignet als Ampelpflanze
Tetrastigma voinierianum Kastanienwein	18–24 °C	◐ – ○	großblättrige, dekorative Kletterpflanze, im Winter auch kühler Stand möglich (jedoch nicht unter 12 °C), gelbe Blätter zeigen meist Nahrungsmangel an
Yucca elephantipes Palmlilie	16–24 °C	○	kommt bei ganz niedrigem Wasserstand zeitweise mit 5–10 °C aus, bei zu dunklem Stand werden die Blätter hell

● = schattig ◐ = halbschattig ○ = hell, ohne allzu direkte Sonne ☼ = sehr hell, verträgt direkte Sonneneinstrahlung

Register

Halbfette Seitenzahlen verweisen auf Abbildungen.

NÜTZLICHE RATGEBER

EINE AUSWAHL

Stand: Frühjahr 1993

Essen und Trinken

Unsere Kochschule
(**4526**-3) Von M. Kaltenbach, F. W. Ehlert, 308 S., 736 Farbfotos, Pappband. ●●●●

Meine feine Bürgerliche Küche
(**4411**-9) Von E. Falout, 160 S., 119 Farbfotos, Pappband. ●●●

Kochen für 1 Person
Rationell wirtschaften, abwechslungsreich und schmackhaft zubereiten. (**0586**-5) Von M. Nicolin, 104 S., 8 Farbtafeln, 23 Zeichnungen, kart. ●

Rezepte für 1 Person
(**1294**-2) Hrsg. M. Sauerborn, 64 S., 75 Farbf., kart. ●

Schnell und individuell
Die raffinierte Single-Küche
(**4266**-3) Von F. Faist, 160 S., 151 Farbfotos, Pappband. ●●●●

Für Kenner und Genießer **Lamm**
(**1090**-7) Von H. Imhof, 64 S., 50 Farbfotos, Pappband. ●

Frischer Fang aus Fluß und Meer **Fisch**
(**0964**-X) Von L. Grieser, 48 S., 52 Farbfotos, Pappband. ●●

Gaumenfreuden Tag für Tag
Pfannengerichte
(**1007**-9) Von S. Fabke, 64 S., 54 Farbfotos, Pappband. ●●

Aus eigener Küche **Gute Wurst**
(**0948**-8) Von J. Bessel, G. Quaas, 80 S., 8 Farbtafeln, kart. ●

Aus lauter Lust und Liebe **Knoblauch**
(**0867**-8) Von L. Reinirkens, 64 S., 45 Farbfotos, Pappband. ●●

Bintje, Irmgard und Sieglinde
Kartoffeln
(**1032**-X) Von S. Fabke, 64 S., 43 Farb- und 1 s/w-Foto, Pappband. ●

Kartoffelgerichte
(**1297**-7) Hrsg. I. Feldhaus, 64 S., 64 Farbf., kart. ●

Nudelgerichte
(**1293**-4) Hrsg. E. Fuhrmann, 64 S., 66 Farbf., kart. ●

Pasta in Höchstform **Nudeln**
(**0884**-8) Von M. Kirsch, 64 S., 62 Farbfotos, Pappband. ●●

Reis
Basmati, Patna und Arborio
(**1209**-8) Von K. Iden, 64 S., ca. 50 Farbfotos, Pappband. ●●

Kräftig klar und cremig zart **Feine Suppen**
(**1031**-1) Von H. Imhof, 64 S., 48 Farbfotos, Pappband. ●

Herzhaftes für Leib und Seele **Eintöpfe**
(**0820**-1) Von P. Klein, 48 S., 30 Farbfotos, Pappband. ●●

Spezialitäten unter knuspriger Decke
Aufläufe
(**0882**-1) Von C. Adam, 48 S., 33 Farbfotos, Pappband. ●●

Aufläufe
(**1295**-0) Hrsg. E. Fuhrmann, 64 S., 62 Farbf., kart. ●

In Hülle und Fülle **Pasteten und Terrinen**
(**0883**-X) Von M. Kirsch, 48 S., 62 Farbfotos, Pappband. ●●

Die Krönung der feinen Küche **Saucen**
(**0817**-1) Von G. Cavestri, 48 S., 40 Farbfotos, Pappband. ●●

Schlank und köstlich **Spargel**
(**1005**-2) Von M. Kirsch, 64 S., 44 Farbfotos, Pappband. ●

Von Aubergine bis Zucchini **Gemüse**
(**1061**-3) Von H. Cohrs, 64 S., 39 Farbfotos, Pappband. ●

Statt Breakfast und Lunch **Brunch**
(**1033**-8) Von C. Adam, 64 S., 49 Farbfotos, Pappband. ●

Genießen unter freiem Himmel
Picknick
(**1208**-X) Von A. Ilies, 64 S., ca. 50 Farbfotos, Pappband. ●●

Die schönsten Rezepte für
Frühstück und Brunch
(**1063**-X) Von K. Kruse-Schorling, 80 S., 8 Farbtafeln, kart. ●

Schnelle Küche
Für 2 Personen
(**4718**-5) freundin-Kochstudio, 80 S., 105 Farbf., Pappband. ●●

Zaubern mit der schnellen Welle
Die neue Mikrowellenküche
(**4289**-2) Von F. Faist, 208 S., 188 Farbfotos, Pappband. ●●●●

Schnell auf den Tisch gezaubert
Kochen mit Mikrowellen
(**0818**-X) Von A. Danner, 64 S., 52 Farbfotos, Pappband. ●

Das neue Fritieren
geruchlos, schmackhaft und gesund.
(**0365**-X) Von P. Kühne, 88 S., 8 Farbtafeln, kartoniert. ●

Italienische Vorspeisen **Antipasti**
(**1006**-0) Von S. Reiter-Westphal, 64 S., 47 Farbfotos, Pappband. ●●

Italienische Küche
(**1299**-3) Hrsg. E. Fuhrmann, 64 S., 65 Farbf., kart. ●

Schlemmerreise durch die
Italienische Küche
(**4172**-1) Von V. Pifferi, 160 S., 109 Farbfotos, Pappband. ●●●●

Spaghetti, Tagliatelle + Co.
Pasta all'Italiana
(**1004**-4) Von I. Seyric, 64 S., 57 Farbfotos, Pappband. ●●

Schlemmerreise durch die
Französische Küche
(**4296**-5) Von H. Imhof, 160 S., 147 Farbfotos, 3 s/w-Fotos, Pappband. ●●●●

Schlemmerreise durch die
Spanische Küche
(**4500**-X) Von A. Puente, 160 S., ca. 120 Farbfotos, Pappband. ●●●●

Schlemmerreise durch die
Thailändische Küche
(**4722**-3) Von C. Zingerling, 144 S., 164 Farbf., Pappband. ●●●●

Köstlich fernöstlich
Asiatische Spezialitäten
(**1286**-1) Von M. Carroll, E. Mognol, 64 S., 49 Farbf., Pappband. ●●

Chinesische Küche
(**1289**-6) Hrsg. M. Sauerborn, 64 S., 73 Farbf., kart. ●

Schlemmerreise durch die
Chinesische Küche
(**4184**-5) Von K. H. Jen, 160 S., 117 Farbfotos, Pappband. ●●●

Verheißungsvoll fernöstlich
Spezialitäten aus dem Wok
(**0933**-X) Von K. H. Jen, 64 S., 56 Farbfotos, Pappband. ●●

Gerichte aus dem
Wok
(**1291**-8) Hrsg. M. Sauerborn, 64 S., 76 Farbf., kart. ●

Mit Lust und Liebe **Chinesisch Kochen**
(**4441**-0) Von Ho Fu-Lung, Uli Franz, 176 S., 189 Farbfotos, 29 Zeichnungen, Pappband. ●●●●

Köstliches von Rost und Spieß **Grillen**
(**0931**-3) Von A. Kalcher-Dähn, H. K. Kalcher, 64 S., 43 Farbfotos, Pappband. ●●

Braten auf dem heißen Stein
(**1300**-0) Hrsg. R. Donhauser, 64 S., 56 Farbf., kart. ●

Rezepte rund um Raclette und Doppeldecker
(**0420**-6) Von J.W. Hochscheid, 72 S., 8 Farbtafeln, kart. ●

Schlemmen in geselliger Runde
Fleischfondues
(**0966**-6) Von M. Spötter, 64 S., 62 Farbfotos, Pappband. ●●

Fondues und Raclettes
(**4253**-1) Von F. Faist, 160 S., 125 Farbfotos, Pappband. ●●●●

Fondues
(**1298**-5) Hrsg. E. Meyer zu Stieghorst, 64 S., 69 Farbf., kart. ●

Rezepte fürs Raclette
(**1290**-X) Hrsg. S. Kieslich, 64 S., 59 Farbf., kart. ●

Schmelzendes Käsevergnügen **Raclette**
(**0881**-3) Von F. Faist, 48 S., 33 Farbfotos, Pappband. ●

Das köstliche knackige Schlemmervergnügen **Salate**
(**4165**-9) Von V. Müller, 160 S., 80 Farbfotos, Pappband. ●●●●

Die hier vorgestellten Bücher, Videokassetten und Software sind in folgende Preisgruppen unterteilt:

● Preisgruppe bis DM 10,–/S 79,–
●● Preisgruppe über DM 10,– bis DM 20,–/S 80,– bis S 160,–
●●● Preisgruppe über DM 20,– bis DM 30,–/S 161,– bis S 240,–
●●●● Preisgruppe über DM 30,– bis DM 50,–/S 241,– bis S 400,–
●●●●● Preisgruppe über DM 50,–/S 401,–
*(unverbindliche Preisempfehlung)

Die Preise entsprechen dem Status beim Druck dieses Verzeichnisses (s. Seite 1) – Änderungen, im besonderen der Preise, vorbehalten –

Falken-Verlag GmbH · Postfach 1120 FALKEN D-6272 Niedernhausen/Ts. · Tel.: 0 61 27 / 70 20

Gartenfrisch genießen
Feine Salate
(**4450**-X) Von P. Nikolay, 160 S., 122 Farbfotos, Pappband. ●●●●

Köstliche Salate
zum Verwöhnen
(**0222**-X) Von Chr. Schönherr, 96 S., 8 Farbtafeln, 30 Zeichnungen, kartoniert. ●

Frisch und leicht als Hauptgericht
Schlemmersalate
(**0934**-8) Von C. Adam, 64 S., 49 Farbfotos, Pappband. ●●

Köstlich frisch auf den Tisch
Rohkostsalate
(**0865**-1) Von C. Adam, 48 S., 26 Farbfotos, Pappband. ●●

Gesund und vielseitig **Alles mit Joghurt**
täglich selbstgemacht, mit vielen Rezepten
(**0382**-6) Von G. Volz, 64 S., 8 Farbtafeln, kartoniert. ●

Locker, flockig, leicht...
Müsli & Co
(**0965**-8) Von C. Adam, 64 S., 42 Farbfotos, Pappband. ●

Bärenstark und kerngesund
Vollwertkost für Kinder
(**0968**-2) Von S. Reiter, 64 S., 44 Farbfotos, Pappband. ●

Gesunde Ernährung für mein Kind
(**0776**-6) Von M. Bustorf-Hirsch, 112 S., 8 Farbtafeln, 5 s/w-Zeichnungen, kart. ●

Eßschule
Gesunde Ernährung für Kinder im Grundschulalter
(**1314**-0) Von A. Roßmeier, 80 S., 44 Farbf., 50 fbg. Vignetten, Pappband. ●●

Das Getreidemühlenkochbuch
(**1017**-6) Von M. Bustorf-Hirsch, 112 S., 8 Farbtafeln, kartoniert. ●

Meine Vollkornküche
Herzhaftes von echtem Schrot und Korn
(**0858**-9) Von S. Walz, 96 S., 8 Farbtafeln, kartoniert. ●

Die gesunde Art, sich zu verwöhnen
Vollwertküche für Singles
(**0937**-2) Von A. Görgens, 64 S., 43 Farbfotos, Pappband. ●

Mit Lust und Liebe...
Vollwertküche für Genießer
(**4412**-4) Von Prof. Dr. C. Leitzmann, H. Million, 256 S., 329 Farbfotos, Pappband. ●●●●

Vegetarisch kochen und genießen
Alle Gerichte für 2 Personen
(**4715**-0) Von Prof. Dr. C. Leitzmann, K. Dittrich, C. u. G. Kurz, 128 S., 132 Farbf., Pappband. ●●●●

Das große FALKEN
Vitaminkochbuch
für Genießer
(**4714**-2) Von Prof. Dr. troph. M. Hamm, A. Roßmeier, ca. 208 S., zahlr. Farbabb., Pappband. ●●●●

Die feine Vegetarische Küche
(**4235**-3) Von F. Faist, 160 S., 191 Farbfotos, Pappband. ●●●●

Schmackhafte Vollwertkost ohne tierisches Eiweiß
(**0993**-3) Von M. Bustorf-Hirsch, 96 S., 54 Farbfotos, kartoniert. ●●

Cholesterinarm kochen und genießen
(**4442**-9) Von R. Unsorg, 168 S., 132 Farbfotos, kartoniert. ●●●●

Die aktuelle **Cholesterintabelle**
(**1088**-5) Von Dr. H. Oberritter, 84 S., 12 zweifarbige Grafiken, kartoniert. ●

Die aktuelle Vitamin- und Mineralstofftabelle
Mit Angaben zu den wichtigsten Vitaminen und Mineralstoffen
(**1110**-5) Von Dr. H. Oberritter, 88 S., 1 zweifarbige Grafik, kart. ●

Die aktuelle E-Zusatzstoff-Tabelle
Über 750 Angaben zu Herkunft, Verwendung und möglichen Nebenwirkungen
(**1233**-0) Von T. Pilgram, E.Dahl, 80 S., zweifarbig, kart. ●

Vollwertküche für Diabetiker
Köstlich kochen und backen für die ganze Familie
(**4473**-9) Von Prof. Dr. C. Leitzmann, Prof. Dr. H. Laube, H. Million, 168 S., 172 Farbfotos, 8 Zeichnungen, Pappband. ●●●●

Kochen und backen für Diabetiker
Gesund und schmackhaft für die ganze Familie
(**4467**-4) Von Dr. med. M. Toeller, W. Schumacher, A. Groote, Dr. troph. A. Klischan, 176 S., 182 Farbfotos, Pappband. ●●●●

Würzig kochen ohne Salz
(**0922**-4) Von S. Roediger-Streubel, 160 S., 16 Farbtafeln, kart. ●●

Die Sojaküche
Gesund und abwechslungsreich essen
(**0553**-9) Von U. Kolster, 80 S., 8 Farbtafeln, kart. ●

Gesund kochen mit Keimen und Sprossen
(**0794**-9) Von M. Bustorf-Hirsch, 96 S., 4 Farbtafeln, 13 s/w-Zeichnungen, kart. ●

Keime und Sprossen in der Naturküche
(**4299**-X) Von M. Bustorf-Hirsch, 96 S., 144 Farbfotos, Pappband. ●●●

Waffeln
Hörnchen, Pfannkuchen und Crèpes.
(**0522**-9) Von C. Stephan, 64 S., 8 Farbtafeln, kart. ●

Waffeln
(**1296**-9) Hrsg. L. Steiger, 64 S., 73 Farbf., kart. ●

Mehr Freude und Erfolg beim
Brotbacken
(**4148**-9) Von A. und G. Eckert, 160 S., 177 Farbfotos, Pappband. ●●●●

Meine Vollkornbackstube
Brot · Kuchen · Aufläufe. (**0616**-0) Von R. Raffelt, 96 S., 4 Farbtafeln, 12 Zeichnungen, kartoniert. ●

Meine Weihnachtsbackstube
(**5163**-8) Von M. Sauerborn, 32 S., 23 Farbfotos, mit Vorlagebogen in Originalgröße, kart. ●

Mit Honig, Nuß und Mandelkern
Weihnachtsplätzchen
(**1287**-X) Von H. Jaacks, 64 S., 48 Farbf., Pappband. ●●

Backen ohne Zucker
(**1234**-9) Von H. Erkelenz, 80 S., 8 Farbtafeln, kart. ●

Süße Verführungen **Desserts**
(**0885**-6) Von M. Bacher, 64 S., 75 Farbfotos, Pappband. ●

Süße Geheimnisse eiskalt gelüftet
Eis und Sorbets
(**0870**-8) Von H. W. Liebheit, 48 S., 38 Farbfotos, Pappband. ●●

Raffiniertes mit
Eis
Drinks/Desserts/Eissorten
(**1029**-X) Von F. Hoffmann, 64 S., 74 Farbfotos, Pappband. ●●

Haltbarmachen in der Öko-Küche
Gesunde Konservierungsmethoden für Obst, Gemüse, Kräuter und Pilze. (**0923**-2) Von M. Bustorf-Hirsch, 120 S., 92 Farbabb., kart. ●●

Komm, koch und back mit mir
Kunterbuntes Kochvergnügen für Kinder.
(**4285**-X) Von S. und H. Theilig, illustriert von B. v. Hayek, 112 S., 45 Farbabb., Pappband. ●●

Lieblingsgerichte für Kinder
Kerngesund und kunterbunt
(**4497**-6) Von G. Righi-Spanfellner, 112 S., 27 Farbzeichnungen, Pappband. ●●●

Lirum, larum, Löffelstiel...
Kinder kochen mit Knuddel
(**1094**-X) Von U. Bültjer, 80 S., 27 zweifarbige Zeichnungen, kart. ●

Backe, backe Kuchen...
Kinder backen mit Knuddel
(**1301**-9) Von U. Bültjer, 64 S., 34 Farbf., 60 Farbzeichn., kart. ●

Mit Lust und Liebe
Garnieren und Verzieren
Dekoratives zu vielen Anlässen
(**4496**-8) Von M. Müller, E. Pratsch, H. Krieg, 160 S., ca. 100 Farbfotos, Pappband. ●●●●

Mit Lust und Liebe **Kalte Platten & Buffets**
Anrichten und Garnieren
(**4427**-5) Von P. Grotz, 176 S., 228 Farbfotos, Pappband. ●●●●

Garnieren und Verzieren
(**4236**-1) Von R. Biller, 160 S., 329 Farbfotos, 57 Zeichnungen, Pappband. ●●●●

Köstlichkeiten für Gäste und Feste
Kalte Platten
(**4200**-0) Von I. Pfliegner, 160 S., 130 Farbfotos, Pappband. ●●●●

Wenn Gäste kommen...
Kalte Küche
(**1060**-5) Von A. Ilies, 64 S., 49 Farbfotos, Pappband. ●

Raffiniert und vielseitig
Toasts und Sandwiches
(**1109**-1) Von R. und T. Donhauser, 64 S., 52 Farbfotos, Pappband. ●

Fein und raffiniert
Canapés und kleine Köstlichkeiten
(**0963**-1) Von H. Imhof, 64 S., 53 Farbfotos, Pappband. ●

Festlich kochen und Backen
für Advent und Weihnachten
(**4443**-7) Von A. Guter, 96 S., 66 Farbfotos, 1 s/w-Foto, Pappband. ●●●

Der perfekt gedeckte Tisch
(**1028**-1) Von H. Tapper, 80 S., 161 Farbfotos, 13 Zeichnungen, kartoniert. ●●

Der schön gedeckte Tisch
Vom einfachen Gedeck bis zur Festtafel stimmungsvoll und perfekt arrangiert.
(**4246**-1) Von H. Tapper, 112 S., 206 Farbfotos, 21 s/w-Abbildungen, Pappband. ●●●

Servietten falten
80 Ideen für schön gedeckte Tische
(**1042**-7) Von M. Müller, O. Mikolasek, 80 S., 289 Farbfotos, 50 Zeichnungen, kart. ●●

Phantasievolle Tischdekorationen selber machen
(**0984**-4) Von Y. Thalheim, H. Nadolny, 80 S., 174 Farbfotos, 21 Zeichnungen, kart. ●●

Servietten dekorativ falten
Geschmackvolle Anregungen aus Stoff und Papier. (**0804**-X) Von H. Tapper, 32 S., 134 Farbfotos, Pappband. ●

Tee für Genießer
Sorten · Riten · Rezepte
(**0356**-0) Von M. Nicolin, 64 S., 4 Farbtafeln, kart. ●

Weine und Säfte, Liköre und Sekt
selbstgemacht.
(**0702**-7) Von P. Arauner, 232 S., 76 Abb., kart. ●●

FALKEN Mixbuch
(**4733**-9) Hrsg. P. Bohrmann, ca. 560 S., zahlr. Farbabb., Pappband. ●●●

Cocktails und Drinks
(**1292**-6) Hrsg. S. Kieslich, 64 S., 70 Farbf., kart. ●

Fruchtig, spritzig, eisgekühlt
Mixen ohne Alkohol
(**0935**-6) Von S. Späth, 64 S., 44 Farbfotos, Pappband. ●●

Mit und ohne Alkohol
Longdrinks
(**1062**-1) Von S. Edelberg, 64 S., 47 Farbfotos, Pappband. ●●

Light Drinks
Mixen mit und ohne Alkohol
(**1222**-5) Von S. Edelberg, Heike Reith, 64 S., 48 Farbfotos, Pappband. ●●

Cocktails
(**4267**-1) Von W. R. Hoffmann, W. Hubert, U. Lottring, 160 S., 164 Farbfotos, 1 s/w-Foto, Pappband. ●●●●

Cocktails und Mixereien
für häusliche Feste und Feiern. (**0075**-8) Von J. Walker, 96 S., 4 Farbtafeln, kart. ●

Die besten Punsche, Grogs und Bowlen
(**0575**-X) Von F. Dingden, 64 S., 4 Farbt., kart. ●

Schlank werden nach Dr. Hay **Trennkost**
Die bewährten Vollwert-Rezepte von Ursula Summ. (**4298**-1) Von U. Summ, 96 S., 54 Farbfotos, 1 Zeichnung, kart. ●●

Das große Buch der Trennkost
Neue Rezepte von Ursula Summ
(**4498**-4) Von U. Summ, 144 S., ca. 100 Farbfotos, Pappband. ●●●

Gesund leben nach Dr. Hay
Cholesterinarme Trennkost
Neue Vollwert-Rezepte von Ursula Summ
(**4475**-5) Von U. Summ, 96 S., 52 Farbfotos, kart. ●●

Eßlust statt Diätfrust
Die Pfundskur
(**1102**-4) Von Prof. Dr. V. Pudel, 144 S., 8 s/w-Zeichnungen, 4 Vignetten, kart. ●

Schlank nach Maß
mit der Diät-Computerwaage
(**1064**-8) Von K. Alisch, 104 S., 8 Farbtafeln, kart. ●

Gesundes Essen für Berufstätige
Die 4-Wochen-Vollwertkur (**1065**-6) Von M. Weber, ca. 80 S., 8 Farbtafeln, kart. ●

Hobby und Freizeit

Falken-Handbuch
Zeichnen und Malen
(**4167**-5) Von B. Bagnall, 336 S., 1154 Farbabb., Pappband. ●●●●●

Punkt, Punkt, Komma, Strich
Zeichnen leicht gemacht
(**4721**-5) Von H. Witzig, 144 S., 512 s/w-Zeichnungen, Pappband. ●●

Punkt, Punkt, Komma, Strich
Zeichenstunde für Kinder
(**0564**-4) Von H. Witzig, 144 S., über 250 Zeichnungen, kart. ●

Einmal grad und einmal krumm
Zeichenstunde für Kinder
(**0599**-7) Von H. Witzig, 144 S., 363 Abb., kartoniert. ●

Figürliches Zeichnen
leicht gemacht
(**1010**-9) Von H. Witzig, 112 S., 462 Figuren, kartoniert. ●

Airbrush
Kreatives Gestalten mit dem Luftpinsel
(**1133**-4) Von C. M. Mette, 80 S., 145 Farbfotos, 40 Farbzeichnungen, kartoniert. ●●

Kalligraphie
Die Kunst des schönen Schreibens
(**4263**-9) Von C. Hartmann, 120 S., 44 Farbvorlagen, 29 s/w-Vorlagen, 2 s/w-Zeichnungen, 38 Farbfotos, Pappband. ●●●●

Gestalten mit Schrift
Kalligraphie
(**1044**-3) Von I. Schade, 80 S., 2 Farb- und 1 s/w-Foto, 143 Farbzeichnungen, kart. ●●

Aquarellmalerei leicht gelernt
Materialien · Techniken · Motive
(**0787**-6) Von T. Hinz, R. Braun, B. Zeidler, 32 S., 38 Farbfotos, 1 Zeichn., Pappband. ●

Hobby Aquarellmalen
Landschaft und Stilleben
(**0876**-7) Von I. Schade, A. Brück, 80 S., 111 Farbabb., kart. ●●

Hobby Ölmalerei
Landschaft und Stilleben
(**0875**-9) Von H. Kämper, I. Becker, 80 S., 93 Farbabb., kart. ●●

Seidenmalerei in Vollendung
(**4414**-3) Hrsg. von R. Smend, 160 S., 227 Farbfotos, 36 s/w-Fotos, geprägter Leineneinband mit Schutzumschlag, im Schuber. ●●●●●

Seidenmalerei und Modedesign
Modelle · Techniken · Schnittmuster
(**4476**-3) Von B. Hansen, 176 S., 140 Farbfotos, 93 Farb-, 68 s/w-Zeichnungen, Pappband. ●●●●

Seidenmalerei Exklusive Tücher
(**1303**-5) Von E. Schwinge, 80 S., 79 Farbfotos, 6 Zeichnungen, kart. ●●

Kreative Seidenmalerei
Motive · Muster · Farbenspiel
(**4720**-7) Von M. Neubacher-Fesser, ca. 136 S., zahlr. Farbabbildungen, Pappband. ●●●●

Seidenmalerei als Kunst und Hobby
(**4264**-7) Von S. Hahn, 136 S., Farbabb., 1 s/w-Foto, Pappband. ●●●●

Neue zauberhafte Seidenmalerei
Motive und Anregungen aus der Natur
(**0924**-0) Von R. Henge, 80 S., 148 Farbfotos, 27 s/w-Zeichnungen, kart. ●●

Krawatten, Tücher und Fliegen individuell gestalten
Seidenmalerei
(**1242**-X) Von A. Reichmann, 64 S., durchgehend vierfarbig, kart. ●●

Kunstvolle Seidenmalerei
Mit zauberhaften Ideen zum Nachgestalten
(**0783**-3) Von I. Demharter, 32 S., 56 Farbfotos, Pappband. ●

Aquarellieren auf Seide
Materialien · Techniken · Motive
(**0917**-8) Von I. Demharter, 32 S., 41 Farbfotos, Pappband. ●

Airbrush auf Seide
(**1342**-6) Von I. Demharter, 64 S., zahlreiche Farbabbildungen, kart. ●●

Seidenmalerei Bäume und Blätter
(**5249**-9) Von D. Kosik, 32 S., 5 Farbfotos, 23 Farb- u. 13 s/w-Zeichungen, kart. ●

Seidenmalerei Landschaften
(**5153**-0) Von D. Kosik, 32 S., 50 Farbfotos, 12 Zeichnungen, mit Vorlagebogen in Originalgröße, kart. ●

Seidenmalerei Kissen
(**5151**-4) Von I. Demharter, 32 S., 42 Farbfotos, 2 Zeichnungen, mit Vorlagebogen in Originalgröße, kart. ●

Seidenmalerei Blusen und T-Shirts
(**5184**-0) Von A. Keller, 32 S., 28 Farbfotos, 12 Zeichnungen, mit Vorlagebogen in Originalgröße, kartoniert. ●

Seidenmalerei Tücher und Schals
(**5152**-2) Von R. Henge, 32 S., 36 Farbfotos, 1 Zeichnung, mit Vorlagebogen in Originalgröße, kart. ●

Seidenmalerei Tiermotive
(**5204**-9) Von A. Keller, 32 S., 37 Farbfotos, mit Vorlagebogen in Originalgröße, kart. ●

Serti Designo
Seidenmalerei mit Kreidestiften
(**5208**-1) Von S. Tichy-Gibley, 32 S., 46 Farbfotos, mit Vorlagebogen in Originalgröße, kart. ●

Seidenmalerei Lampenschirme
(**5154**-9) Von I. Walter-Ammon, 32 S., 47 Farbfotos, 1 Zeichnung, mit Vorlagebogen in Originalgröße, kart. ●

Seidenmalerei Blüten, Blätter, Ranken
(**5165**-4) Von D. Kosik, 32 S., 35 Farbfotos, 4 Zeichnungen, mit Vorlagebogen in Originalgröße, kart. ●

Seidenmalerei Schmuckkarten und Miniaturbilder
(**5166**-2) Von I. Walter-Ammon, 32 S., 37 Farbfotos, 2 Zeichnungen, mit Vorlagebogen in Originalgröße, kart. ●

Akzente mit Perlen, Pailetten und Straß
Seidenmalerei
(**5248**-0) Von A. Keller, 32 S., ca. 50 Farbfotos, mit Vorlagebogen in Originalgröße, kart. ●

Seidenmalerei Bilder in Konturentechnik
(**5182**-4) Von I. Demharter, 32 S., 28 Farbfotos, 2 Zeichnungen, mit Vorlagebogen in Originalgröße, kart. ●

Seidenmalerei Applikationen
(**5224**-3) Von J. Bressau, 32 S., 50 Farbfotos, mit Vorlagebogen in Originalgröße, kart. ●

Moderne Stoffmalerei
(**1358**-2) Von H. Sander, ca. 64 S., zahlr. Farbabbildungen, kart. ●●

Perfekt Stricken
Mit Sonderteil Häkeln.
(**4250**-7) Von H. Jaacks, 256 S., 703 Farbfotos, 169 Farb- und 121 s/w-Zeichnungen, Pappband. ●●●●

Das moderne Standardwerk
Nähen
(**4709**-6) Von S. von Rudzinski, 176 S., vierfarbig, Pappband. ●●●●

Marionetten
selbst bauen und führen
(**1043**-5) Von D. Köhnen, 80 S., 150 Farbfotos, mit Schnittmusterbogen, kartoniert. ●●

Fingerpuppen
Bastelspaß mit Kindern ab 5 Jahren
(**5239**-1) Von B. Höfler, P. Simm, 32 S., ca. 50 Farbabb., mit Vorlagebogen in Originalgröße, kart. ●

Hampelmänner
Basteln mit Kindern ab 5 Jahren
(**5240**-5) Von F. Michalski, 32 S., ca. 50 Farbabb., mit Vorlagebogen in Originalgröße, kart. ●

Künstlerpuppen
im 20. Jahrhundert
(**4719**-3) Hrsg. R. Höckh, 160 S., 192 Farbfotos, 26 s/w-Fotos, Pappband. ●●●●●

Charakterpuppen
aus Cernit und Porzellan selbst gestalten
(**1156**-3) Von S. Becker, 64 S., 143 Farbfotos, 30 Zeichnungen, 13 Vignetten, mit Schnittmusterbogen, kartoniert. ●●

Puppen zum Liebhaben
(**5199**-9) Von B. Wehrle, 32 S., 27 Farbfotos, 9 s/w-Zeichnungen, mit Vorlagebogen in Originalgröße, kartoniert. ●

Teddybären
Sechs beliebte Modelle
(**5159**-X) Von Y. Thalheim, H. Nadolny, 32 S., 46 Farbfotos, 9 Zeichnungen, mit Vorlagebogen in Originalgröße, kart. ●

Neue zauberhafte Salzteig-Ideen
(**0719**-1) Von I. Kiskalt, 80 S., 324 Farbfotos, 12 Zeichnungen, Schablonen, kart. ●●

Salzteig kinderleicht
(**0973**-9) Von I. Kiskalt, 80 S., 224 Farbfotos, 8 Zeichnungen, kart. ●●

Kreatives gestalten mit Ton
Töpfern ohne Scheibe – Aufbaukeramik
(**0896**-1) Von A. Riedinger, 80 S., 207 Farbfotos, 16 Zeichnungen, 7 Vignetten, kart. ●●

Kreatives Gestalten mit Ton
Töpfern auf der Scheibe
(**0971**-2) Von A. Riedinger, 80 S., 28 Farb- und 3 s/w-Zeichnungen, 178 Farbfotos, kartoniert. ●●

Hobby Glaskunst in Tiffany-Technik
(**0781**-7) Von N. Köppel, 80 S., 194 Farbfotos, 6 s/w-Abb., kart. ●●

Tiffany-Lampen selbermachen
Arbeitsanleitung · Materialien · Modelle
(**0684**-5) Von I. Spliethoff, 32 S., 60 Farbfotos, 19 Zeichnungen, Pappband. ●

Fensterbilder in Tiffany-Technik
(**5168**-9) Von P. Matz, 32 S., 43 Farbfotos, mit Vorlagebogen in Originalgröße, kart. ●

Tiffany-Technik
und andere kunstvolle Arbeiten in Glas
(**0972**-0) Von D. Köhnen, 80 S., 176 Farbfotos, 5 s/w-Zeichnungen, kart. ●●

Modeschmuck selbst modellieren
(**5196**-4) Von K. Eichler, 32 S., 51 Farbfotos, mit Vorlagebogen in Originalgröße, kartoniert. ●

Effekt-Color
Phantasievolle Schmuck- und Deko-Ideen
(**5207**-3) Von A. Hahn, 32 S., 55 Farbfotos, mit Vorlagebogen in Originalgröße, kart. ●

Rocailles
Perlenschmuck
(**5209**-X) Von L. und E. Weiler, 32 S., 45 Farbfotos, 2 Zeichnungen, mit Vorlagebogen in Originalgröße, kart. ●

Perlenschmuck
(**5221**-9) Von H. Büderer, 32 S., 50 Farbfotos, mit Vorlagebogen in Originalgröße, kartoniert. ●

Masken
phantasievoll dekorieren
(**5155**-7) Von Chr. Familler, 32 S., 48 Farbfotos, mit Vorlagebogen in Originalgröße, kart. ●

Laubsägearbeiten für das Kinderzimmer
(**5245**-6) Von H.-P. Krafft, 32 S., ca. 50 Farbfotos, mit Vorlagebogen in Originalgröße, kart. ●

Schwingtiere aus Holz gestalten
(**5222**-7) Von der Arbeitsgem. Werken, 32 S., 50 Farbfotos, mit Vorlagebogen in Originalgröße, kartoniert. ●

Drachen
bauen und steigen lassen. (**0767**-1) Von W. Schimmelpfennig, 80 S., 1 dreiseitige Ausklapptafel, 55 Farbfotos, 139 Zeichnungen, kart. ●●●

Lenkdrachen
bauen und fliegen
(**1011**-7) Von W. Schimmelpfennig, 64 S., 51 Farbfotos und 126 Zeichnungen, kartoniert. ●●

Drachen
Einfache Modelle für Kinder
(**5156**-5) Von W. Schimmelpfennig, 32 S., 11 Farbfotos, 31 Zeichnungen, mit Vorlagebogen, kart. ●

Das große farbige
Bastelbuch für Kinder
(**4254**-X) Von U. Barff, I. Burkhardt, J. Maier, 224 S., 157 Farbfotos, 430 Farb- und 60 s/w-Zeichnungen, mit Schnittmusterbogen, Pappband. ●●●

Origami
Tiere aus aller Welt
(**5250**-2) Von J. Maier, 32 S., 19 Farbfotos, 68 Farb- u. 16 s/w-Zeichnungen, kart. ●

Hobby Origami
Papierfalten für groß und klein
(**0756**-6) Von Z. Aytüre-Scheele, 80 S., 820 Farbfotos, kart. ●●

Neue zauberhafte Origami-Ideen
Papierfalten für groß und klein
(**0805**-8) Von Z. Aytüre-Scheele, 80 S., 720 Farbfotos, kart. ●●

Zauberwelt Origami
Tierfiguren aus Papier
(**1045**-1) Von Z. Aytüre-Scheele, 80 S., 660 Farbfotos, kartoniert. ●●

Pergamano
Pergamentpapier filigran gestalten
(**5202**-2) Von J. Allmann, 32 S., 51 Farbfotos, 5 Zeichnungen, mit Vorlagebogen in Originalgröße, kart. ●

Kreatives Gestalten mit **Papiermaché**
(**5246**-4) Von B. Jetzek-Berkenhaus, 32 S., ca. 50 Farbfotos, mit Vorlagebogen in Originalgröße, kart. ●

Marmorieren
Muster · Techniken · Gestaltungsideen
(**5247**-2) Von T. Hartel, 32 S., ca. 50 Farbfotos, mit Vorlagebogen in Originalgröße, kart. ●

Heut basteln wir mit Pappe und Papier
(**4413**-5) Von U. Barff, J. Maier, 224 S., 117 Farbfotos, 480 Farbzeichn., 25 s/w-Abb., mit Schnittmusterbogen, Pappband. ●●●

Das große farbige Bastel- und Werkbuch
(**4439**-9) Von D. Rex, 256 S., 999 Farbfotos, 33 Farbzeichnungen, Pappband. ●●●●

Mein liebstes Spiel- und Bastelbuch
Die Welt der Dinosaurier
Tiere und Landschaften zum Selbermachen
Ausbrechen, aufstellen, spielen
(**4478**-X) Von B. Burkart, 8 Blatt mit herauslösbaren Motiven, 280-g-Karton mit Stanzung, 8 S. Bastelanleitung und Sachinformation. ●●

Fensterbilder in Scherenschnitt
(**5169**-7) Von A. Hahn, 32 S., 52 Farbfotos, 3 s/w-Fotos, mit Vorlagebogen in Originalgröße, kart. ●

Fensterbilder
Meine Lieblingstiere
(**5197**-2) Von Y. Thalheim, H. Nadolny, 32 S., 38 Farbfotos, mit Vorlagebogen in Originalgröße, kartoniert. ●

Fensterbilder Lustige Tiere
(**5210**-3) Von F. Michalski, 32 S., 47 Farbfotos, mit Vorlagebogen in Originalgröße, kart. ●

Fensterbilder Dinosaurier
(**5260**-X) Von C. Hüfner, 32 S., 8 Farbfotos, 47 Farbzeichnungen, Bastelbogen, kart. ●

Mit Farben und Papieren
Fenster dekorieren
(**5255**-3) Von K. Groß, 32 S., 8 Farbfotos, 59 Farbzeichnungen, kart. ●

Originelle Fensterbilder
aus Tonpapier und Tonkarton
(**1305**-1) Von D. Köhnen, 64 S., 70 Farbfotos, kart. ●●

Die schönsten Fensterbilder
(**1066**-4) Von C. Kimmerle, 64 S., 100 Farbfotos, 7 Zeichnungen, kartoniert. ●●

Das Fensterbilder-Alphabet
Basteln mit Kindern ab 5 Jahren
(**5242**-1) Von E. Bohne, 32 S., ca. 50 Farbabb., mit Vorlagebogen in Originalgröße, kart. ●

Märchenhafte Fensterbilder
(**5185**-9) Von J. Maier, 32 S., 37 Farbfotos, mit Vorlagebogen in Originalgröße, kart. ●

Fensterbilder Blumen und Tiere
(**5186**-7) Von M. Twachtmann, 32 S., 41 Farbfotos, 3 Zeichnungen, mit Vorlagebogen in Originalgröße, kartoniert. ●

Fensterschmuck
Originelle Ideen für Dekorationen und Fensterbilder
(**1241**-1) Von D. Köhnen, 64 S., ca. 70 Farbfotos, Vorlagebogen, kart. ●●

Papierflieger
(**5157**-3) Von T. Gött, 32 S., 73 Farbfotos, 19 Zeichnungen, mit Vorlagebogen in Originalgröße, kart. ●

Windspielzeug
Bastelspaß mit Kindern ab 5 Jahren
(**5241**-3) Von D. Köhnen, 32 S., ca. 50 Farbabb., mit Vorlagebogen in Originalgröße, kart. ●

Faltschnitte
(**5257**-X) Von B. Blankenburg, 32 S., 12 Farbfotos, 42 Farbzeichnungen, Vorlagebogen, kart. ●

Laternen und Lampions
(**5206**-5) Von C. Hüfner, 32 S., 60 Farbfotos, mit Vorlagebogen in Originalgröße, kart. ●

Mobiles aus Papier
(**5183**-2) Von J. Maier, 32 S., 17 Farbfotos, 35 Farbzeichnungen, mit Vorlagebogen in Originalgröße, kartoniert. ●

Tiermobiles
(**5258**-8) Von C. Hüfner, 32 S., 57 Farbzeichnungen, Vorlagebogen, kart. ●

Bastelideen für Indianerspiele
(**5252**-9) Von B. Nelich, D. Velte, 32 S., 38 Farbfotos, Vorlagebogen, kart. ●

Der große Verkleidungsspaß
Kinderkostüme
(**1304**-3) Von C. Baumgarten, 53 Farbfotos, 183 Farbzeichnungen, Vorlagebogen, kart. ●●

Schachteln basteln und dekorieren
(**5170**-0) Von Chr. Adjano, 32 S., 55 Farbfotos, mit Vorlagebogen in Originalgröße, kart. ●

Deco Art
Die Kunst, Geschenke zu verpacken
(**0949**-6) Von B. Niermann, 80 S., 78 Farbfotos, 191 Zeichnungen, kart. ●●

Geschenke wunderschön verpacken
(**1113**-X) Von P. Jansen, 80 S., 79 Farbfotos, 166 Farbzeichnungen, kart. ●●

Geschenke umweltfreundlich verpacken
(**1240**-3) Von P. Jansen, 64 S., vierfarbige Fotos und Illustrationen, kart. ●●

Geldgeschenke
für Kinder originell verpacken
(**5253**-7) Von S. Boczkowski-Sigges, 32 S., 31 Farbfotos, Vorlagebogen, kart. ●

Geldgeschenke
phantasievoll gestalten
(**5251**-0) Von P. Jansen, 32 S., 49 Farbfotos, Vorlagebogen, kart. ●

Kleine Geschenke selbst basteln
(**5259**-6) Von M. Schorege, 32 S., 13 Farbfotos, 44 Farbzeichnungen, Vorlagebogen, kart. ●

Geldgeschenke · Gutscheine · Geschenkanhänger
originell gestalten und verpacken
(**1115**-6) Von S. Haenitsch-Weiß, A. Weiß, 80 S., 176 Farbfotos, kart. ●●

Geschenke verpacken für Kinderfeste
(**5195**-6) Von C. Netolitzky, 32 S., 43 Farbfotos, mit Vorlagebogen in Originalgröße, kartoniert. ●

Originelles Ambiente für Gäste
Festdekorationen
(**1049**-4) Von B. Niermann, 80 S., 125 Farbfotos, 59 Farbzeichn., kartoniert. ●●

Dekorative Schleifen
aus Bändern und Papier
(**5205**-7) Von M. Schorege, 32 S., 28 Farbfotos, 31 Farbzeichnungen, mit Vorlagebogen in Originalgröße, kart. ●

Dekorieren und Arrangieren mit
Seidenblumen
(**5200**-6) Von M. L. Sprang, 32 S., 37 Farbfotos, 14 Farbzeichnungen, mit Vorlagebogen in Originalgröße, kartoniert. ●

Glückwunschkarten
(**5179**-4) Von A. Kolb, B. Michel, 32 S., 54 Farbfotos, mit Vorlagebogen in Originalgröße, kartoniert. ●

Schmuck- und Glückwunschkarten
Papierarchitektur · Collagen · Faltschnittkarten
(**1114**-8) Von C. Sanladerer, 64 S., 55 Farbfotos, 31 Zeichnungen, kart. ●●

Einladungs-, Tisch- und Menükarten
selbst gestalten
(**1302**-7) Von S. Haenitsch-Weiß, 80 S., zahlreiche Farbabbildungen, kart. ●●

Osterschmuck
Neue Ideen für Kränze, Sträuße, Gestecke
(**5267**-7) Von I. Gleim, ca. 32 S., zahlreiche Farbabbildungen, kart. ●

Ostereier originell dekorieren
(**5219**-7) Von W. Velte, 32 S., 44 Farbfotos, mit Vorlagebogen in Originalgröße, kartoniert. ●

Dekorationen für Ostern
(**5198**-0) Von Y. Thalheim, H. Nadolny, 32 S., 48 Farbfotos, mit Vorlagebogen in Originalgröße, kartoniert. ●

Fensterbilder für die Osterzeit
(**5244**-8) Von R. Lübke, D. Lübke, 32 S., ca. 50 Farbfotos, mit Vorlagebogen in Originalgröße, kart. ●

Basteln für Ostern
(**5164**-6) Von Chr. Adjano, 32 S., 47 Farbfotos, mit Vorlagebogen in Originalgröße, kartoniert. ●

Ostereier
Basteln mit Kindern ab 5 Jahren
(**5243**-X) Von Vera Ettelt, 32 S., mit Spielebogen, kart. ●

Tischdekorationen für Ostern
(**5220**-0) Von Chr. Adjano, 32 S., 49 Farbfotos, mit Vorlagebogen in Originalgröße, kartoniert. ●

Weihnachtsgeschenke schön verpacken
Schachteln · Dekorationen · Geschenkpapiere
(**4469**-0) Von Present Team, 10 vierfarbige Bogen 250-g-Karton mit Stanzung, 4 Bogen Geschenkpapier + 4 S. Einleitung. ●●●

Basteln und dekorieren für
Advent und Weihnachten
(**4446**-1) Von G. Teusen, C. Netolitzky, 176 S., 285 Farbfotos, mit Bastelvorlagebogen, Pappband. ●●●

Lustige Bastelideen für die
Weihnachtszeit
(**5256**-1) Von B. Löschenkohl, 32 S., 8 Farbfotos, 69 Farbzeichnungen, Vorlagebogen, kart. ●

Basteln für Weihnachten
(**5162**-X) Von Chr. Adjano, 32 S., 44 Farbfotos, mit Vorlagebogen in Originalgröße, kartoniert. ●

Fensterdekorationen für die Weihnachtszeit
(**5181**-6) Von Y. Thalheim, H. Nadolny, 32 S., 33 Farbfotos, mit Vorlagebogen in Originalgröße, kartoniert. ●

Fensterbilder für Advent und Weihnachten
(**5211**-1) Von M. Schorege, 32 S., 24 Farbfotos, 15 Zeichnungen, mit Vorlagebogen in Originalgröße, kartoniert. ●

Adventskränze und weihnachtliche Gestecke
(**5203**-0) Von Y. Thalheim, H. Nadolny, 32 S., 43 Farbfotos, mit Vorlagebogen in Originalgröße, kartoniert. ●

Adventskalender
(**5178**-6) Von Y. Thalheim, H. Nadolny, 32 S., 35 Farbfotos, mit Vorlagebogen in Originalgröße, kartoniert. ●

Duftsträuße und Potpourris
(**1239**-X) Von A. Effelsberg, 80 S., ca. 200 vierfarbige Abb., kart. ●●

Trockenblumenideen
Gewürzsträuße, Gestecke, Kränze, Buketts
(**0643**-8) Von R. Strobel-Schulze, 88 S., 170 Farbfotos, kartoniert. ●●

Neue zauberhafte Trockenblumen-Ideen
(**0821**-X) Von R. Strobel-Schulze, 80 S., 163 Farbfotos, kart. ●●

Phantasievolles Schminken
Verzauberte Gesichter für Maskeraden, Laienspiele und Kinderfeste
(**0907**-0) Hrsg.: H. u. Y. Nadolny, 64 S., 227 Farbfotos, kartoniert. ●●

Schminken für Kinder
(**5177**-8) Von Y. Thalheim, H. Nadolny, 32 S., 68 Farbfotos, mit Vorlagebogen in Originalgröße, kartoniert. ●

Moderne Fotopraxis
(**4401**-1) Von G. Koshofer, Prof. H. Wedewardt, 224 S., 363 Farbfotos, 106 s/w-Fotos, 5 Farb- und 24 s/w-Zeichnungen, Pappband. ●●●●

Mach dir ein Bild
Praxistips für Foto, Film und Video
(**4410**-0) Von G. Staab, 208 S., 202 Farbfotos, 175 s/w-Fotos, 1 Zeichnung, Pappband. ●●●●

So macht man bessere Fotos
(**1158**-X) Von G. Koshofer, 144 S., 259 Farbfotos, 25 s/w-Fotos, kartoniert. ●●

Videografieren
Filmen mit Video 8. Technik – Bildgestaltung – Schnitt – Vertonung.
(**0843**-0) Von M. Wild, K. Möller, 120 S., 101 Farbfotos, 22 s/w-Fotos, 52 Zeichnungen, kart. ●●●

Videografieren perfekt
Profitricks für Aufnahmetechnik und Nachbearbeitung
(**0969**-0) Von W. Schild, 120 S., 144 Farbabb., 5 s/w-Zeichnungen, kart. ●●●

Do it yourself und Technik

Do it yourself
Heimwerken
(**4117**-9) Von T. Pochert, 456 S., 1103 Farbfotos, 100 Farbabb., Pappband. ●●●●

Drechseln
Material · Technik · Beispiele
(**1306**-X) Von O. Maier, 72 S., 195 Farbabbildungen, 14 s/w-Zeichnungen, kart. ●●

Do it yourself
Dachgeschoß- und Innenausbau
(**1243**-8) Von C. von Mallinckrodt, ca. 96 S., zahlreiche viefarbige Fotos und Zeichnungen, kart. ●●

Do it yourself
Sanitärinstallationen
(**1118**-0) Von W. Kawlath, 96 S., 214 Farbabbildungen, kartoniert. ●●

Do it yourself
Metall bearbeiten
(**1119**-9) Von O. Maier, 96 S., 230 Farbfotos, 6 s/w-Zeichnungen, kartoniert. ●●

Do it yourself
Elektroarbeiten
(**0975**-5) Von K. H. Schubert, 120 S., 193 Farbfotos, 40 Zeichnungen, kartoniert. ●●

Alarmanlagen
für Wohnung, Haus, Auto
(**1308**-6) Von H.-W. Bastian, ca. 64 S., zahlreiche Farbabbildungen, kart. ●●

Hifi-Boxen
(**1307**-8) Von P. Röbke-Doerr, J. Knoff-Beyer, ca. 80 S., zahlreiche Farbabbildungen, kart. ●●

Restaurieren von Möbeln
Stilkunde, Materialien, Techniken, Arbeitsanleitungen in Bildfolgen.
(**4120**-9) Von E. Schnaus-Lorey, 152 S., 37 Farbfotos, 75 s/w-Fotos, 352 Zeichnungen, Pappband. ●●●●

Elektronik als Hobby
Von der Grundlagenschaltung zum integrierten Schaltkreis
Mit 8 wichtigen Universalplatinen
(**4293**-0) Von W. Priesterath, 264 S., 80 s/w-Fotos, 128 Zeichnungen, Pappband. ●●●●

Kleine Welt auf Rädern
Das faszinierende Spiel mit **Modelleisenbahnen** (**4175**-6) Von F. Eisen, 256 S., 72 Farb- und 180 s/w-Fotos, 25 Zeichnungen, Pappband. ●●●●

Die Super-Sportwagen der Welt
(**4423**-2) Von H. G. Isenberg, 194 S., 184 Farbfotos, 4 farbige Ausklapptafeln, 32 s/w-Fotos, Pappband. ●●●●

Die Super-Oldtimer der Welt
(**4465**-8) Von H. G. Isenberg, 194 S., 161 Farb- und 36 s/w-Fotos, 4 Ausklapptafeln, Pappband. ●●●●

Die Super-Rennwagen der Welt
(**4707**-X) Von H. G. Isenburg, 194 S., 189 Farbfotos, 31 s/w-Fotos, Pappband. ●●●●

Die Super-Trucks der Welt
(**4257**-4) Von H. G. Isenberg, 194 S., 205 Farbfotos, 87 s/w-Fotos, 7 Farbzeichnungen, 4 farb. Ausklapptafeln, Pappband. ●●●●

Die Super-Motorräder der Welt
(**4193**-4) Von H. G. Isenberg, 192 S., 170 Farb- und 100 s/w-Fotos, 8 Zeichnungen, Pappband. ●●●●

Die Super-Eisenbahnen der Welt
(**4287**-6) Von W. Kosak, H. G. Isenberg, 224 S., 269 Farbfotos, 79 s/w-Fotos, 8 Vignetten, 5 farb. Ausklapptafeln, Pappband. ●●●●

Die Super-Dampfloks der Welt
(**4480**-1) Von H. Faust, H. G. Isenberg, 194 S., 193 Farbfotos, mit vier Ausklapptafeln, Pappband. ●●●●

Plastikmodellbau
Autos, Schiffe, Flugzeuge in vollendeter Technik.
(**1116**-4) Von W. Kawlath, 96 S., 272 Farbabbildungen, kartoniert. ●●

Sport und Fitneß

Olympia '92
Barcelona, Albertville
(**4713**-4) Von H. Faßbender, 272 S., 414 Farbfotos, Pappband. ●●●●

Neue Lehrmethoden der Judo-Praxis
(**0424**-9) Von P. Herrmann, 223 S., 475 Abb., kartoniert. ●●

Judo perfekt 1
(**1249**-7) Von K. Fuchs, 128 S., kart. ●●

Fußwürfe
für Judo, Karate und Selbstverteidigung.
(**0439**-7) Von H. Nishioka, übers. von H. J. Heese, 96 S., 260 Abb., kart. ●●

Karate 1
zur Selbstverteidigung
(**1312**-4) Von M. Nakayama, 96 S., 315 s/w-Fotos, 5 Zeichn., kart. ●●

Karate 2
zur Selbstverteidigung
(**1362**-0) Von M. Nakayama, ca. 96 S., zahlr. s/w-Abb., kart. ●●

Nakayamas Karate perfekt 1
Einführung.
(**0487**-7) Von M. Nakayama, 136 S., 605 s/w-Fotos, kart. ●●

Nakayamas Karate perfekt 2
Grundtechniken.
(**0512**-1) Von M. Nakayama, 136 S., 354 s/w-Fotos, 53 Zeichnungen, kart. ●●

Nakayamas Karate perfekt 3
Kumite 1: Kampfübungen.
(**0538**-5) Von M. Nakayama, 128 S., 424 s/w-Fotos, kart. ●●

Nakayamas Karate perfekt 4
Kumite 2: Kampfübungen.
(**0547**-4) Von M. Nakayama, 128 S., 394 s/w-Fotos, kart. ●●

Nakayamas Karate perfekt 5
Kata 1: Heian, Tekki.
(**0571**-7) Von M. Nakayama, 144 S., 1229 s/w-Fotos, kart. ●●

Nakayamas Karate perfekt 6
Kata 2: Bassai-Dai, Kanku-Dai.
(**0600**-4) Von M. Nakayama, 144 S., 1300 s/w-Fotos, 107 Zeichnungen, kart. ●●

Nakayamas Karate perfekt 7
Kata 3: Jitte, Hangetsu, Empi.
(**0618**-7) Von M. Nakayama, 144 S., 1988 s/w-Fotos, 105 Zeichnungen, kart. ●●

Nakayamas Karate perfekt 8
Gankaku, Jion.
(**0650**-0) Von M. Nakayama, 144 S., 1174 s/w-Fotos, 99 Zeichnungen, kart. ●●

Karate
(**2308**-1) Von A. Pflüger, 96 S., 134 Farbfotos, 4 s/w-Zeichnungen, kart. ●●

Bo-Karate
Habo-Jitsu – die Techniken des Stockkampfes.
(**0447**-8) Von G. Stiebler, 176 S., 424 s/w-Fotos, 38 Zeichnungen, kart. ●●

Karate 1
Einführung · Grundtechniken.
(**0227**-0) Von A. Pflüger, 144 S., 195 s/w-Fotos, 120 Zeichnungen, kart. ●

Karate 2
Kombinationstechniken · Katas.
(**0239**-4) Von A. Pflüger, 176 S., 452 s/w-Fotos und Zeichnungen, kart. ●●

Karate Kata 1
Heian 1–5, Tekki 1, Bassai-Dai.
(**0683**-7) Von W.-D. Wichmann, 164 S., 703 s/w-Fotos, kart. ●●

Karate Kata 2
Jion, Empi, Kanku-Dai, Hangetsu.
(**0723**-X) Von W.-D. Wichmann, 140 S., 661 s/w-Fotos, 4 Zeichnungen, kart. ●●

Karate Kata 3
Bassai Sho, Kanku Sho, Nijushiho, Sochin.
(**1120**-2) Von W.-D. Wichmann, 144 S., 598 s/w-Fotos, 4 Grafiken, kart. ●●

Bruce Lees Kampfstil 1
Grundtechniken
(**0473**-7) Von B. Lee, M. Uyehara, 109 S., 220 Abb., kart. ●

Bruce Lees Kampfstil 2
Selbstverteidigungs-Techniken
(**0486**-9) Von B. Lee, M. Uyehara, 128 S., 310 Abb., kart. ●

Bruce Lees Kampfstil 3
Trainingslehre
(**0503**-2) Von B. Lee, M. Uyehara, 112 S., 246 Abb., kart. ●

Bruce Lees Kampfstil 4
Kampftechniken
(**0532**-7) Von B. Lee, M. Uyehara, 104 S., 211 Abb., kart. ●

Kung-Fu 1
Legende · Philosophie · Grundtechniken
(**0891**-0) Von Chr. Yim, 152 S., 401 s/w-Fotos, 2 s/w-Zeichnungen, kart. ●●

Kung-Fu und Thai-Chi
Grundlagen und Bewegungsabläufe
(**0367**-6) Von B. Tegner, 182 S., 370 s/w-Fotos, kart. ●●

Kung Fu
Theorie und Praxis klassischer und moderner Stile
(**0376**-5) Von M. Pabst, 160 S., 330 Abbildungen, kartoniert. ●●

Bruce Lees Jeet Kune Do
(**0440**-0) Von B. Lee, 192 S., mit 105 eigenhändigen Zeichnungen von B. Lee, kart. ●●

Shaolin-Kempo – Kung-Fu
Chinesisches Karate im Drachenstil.
(**0395**-1) Von R. Czerni, K. Konrad, 246 S., 723 Abb., kart. ●●

Kickboxen
Fitneßtraining und Wettkampfsport.
(**0795**-7) Von G. Lemmens, 96 S., 208 s/w-Fotos, 23 Zeichnungen, kart. ●●

Ninja 1
Die Lehre der Schattenkämpfer.
(**0758**-2) Von S. K. Hayes, übers. von J. Schmit, 144 S., 137 s/w-Fotos, kart. ●●

Ninja 2
Die Wege zum Shoshin.
(**0763**-9) Von S. K. Hayes, übers. von J. Schmit, 160 S., 309 s/w-Fotos, 2 Zeichnungen, kart. ●●

Ninja 3
Der Pfad des Togakure-Kämpfers.
(**0764**-7) Von S. K. Hayes, übers. von J. Schmit, 144 S., 197 s/w-Fotos, 2 Zeichnungen, kart. ●●

Ninja 4
Das Vermächtnis der Schattenkämpfer.
(**0807**-4) Von S. K. Hayes, übers. von J. Schmit, 196 S., 466 s/w-Fotos, kart. ●●

Taekwondo perfekt 1
Die Formenschule bis zum Blaugurt.
(**0890**-2) Von K. Gil, Kim Chul-Hwan, 176 S., 439 s/w-Fotos, 107 Zeichnungen, kart. ●●

Taekwondo perfekt 2
Die Formenschule vom Blau- bis zum Schwarzgurt.
(**0976**-3) Von K. Gil, K. Chul-Hwan, 192 S., 461 s/w-Fotos, 112 Zeichnungen, kart. ●●

Taekwondo perfekt 3
(**1068**-0) Von K. Gil, K. Chul-Hwan, 200 S., 429 s/w-Fotos, kartoniert. ●●●

Taekwondo perfekt 4
(**1250**-0) Von K. Gil, 160 S., zahlreiche s/w-Fotos und Schrittdiagramme, 17 Übungstafeln zum Herausnehmen, kart. ●●●

Ju-Jutsu 1
Grundtechniken · Moderne Selbstverteidigung.
(**0276**-9) Von W. Heim, F. J. Gresch, 164 S., 450 s/w-Fotos, 8 Zeichn., kart. ●

Ju-Jutsu 2
für Fortgeschrittene und Meister.
(**0378**-1) Von W. Heim, F. J. Gresch, 160 S., 798 s/w-Fotos, kart. ●●

Ju-Jutsu 3
Spezial-, Gegen- und Weiterführungs-Techniken · Stockkampfkunst.
(**0485**-0) Von W. Heim, F. J. Gresch, 200 S., über 600 s/w-Fotos, kart. ●●

Aikido
Lehren und Techniken des harmonischen Weges.
(**0537**-7) Von R. Brand, 280 S., 697 Abb., kart. ●●

Hap Ki Do
Koreanische Selbstverteidigung nach dem Lehrsystem des Großmeisters.
(**0379**-X) Von Kim Sou Bong, 112 S., 152 Abb., kart. ●●

Dynamische Tritte
Grundlagen für den Zweikampf.
(**0438**-9) Von C. Lee, 96 S., 398 s/w-Fotos, 10 Zeichnungen, kart. ●●

Super-Tritte
(**1248**-9) Von W. Wallace, 136 S., kart. ●●

Selbstverteidigung
Abwehrtechniken für Sie und Ihn.
(**0853**-8) Von E. Deser, 96 S., 259 s/w-Fotos, kart. ●

Die Faszination athletischer Körper
Bodybuilding
mit Weltmeister Ralf Möller.
(**4281**-7) Von R. Möller, 128 S., 169 Farbfotos, 14 s/w-Fotos, 1 Farbzeichnung, Pappband. ●●●●

Ladyfitneß
Das neue Körperbewußtsein der Frau
Bodyshaping · Körperpflege · Ernährung · Entspannung
(**4433**-X) Von Prof. Dr. S. Starischka, B. Grabis, D. von Cramm, G. W. Kienitz, 128 S., 227 Farbfotos, Pappband. ●●●●

Bodybuilding für Frauen
Wege zu Ihrer Idealfigur
(**0661**-6) Von H. Schulz, 112 S., 84 s/w-Fotos, 4 Zeichnungen, kart. ●

Bodybuilding
(**2314**-6) Von L. Spitz, 112 S., 203 Farbabbildungen, 10 Tabellen. ●●

Leistungsfähiger durch Krafttraining
Eine Anleitung für Fitness-Sportler, Trainer und Athleten.
(**0617**-9) Von W. Kieser, 96 S., 20 s/w-Fotos, 62 Zeichnungen, kart. ●

Krafttraining
Wirbelsäulengerechte Übungen an und mit Geräten
(**1309**-4) Von A. Balk, 40 S., 8 Bildtafeln, Spiralbindung. ●●●

Hanteltraining zu Hause
(**0800**-7) Von W. Kieser, 80 S., 71 s/w-Fotos, 4 Zeichnungen, kartoniert. ●

Fit und gesund
Fitneßtraining und Bodybuilding zu Hause. Trainingsprogramme für Ihr Wohlbefinden.
(**0782**-5) Von Prof. Dr. S. Starischka, 80 S., 100 Farbfotos, 3 Zeichnungen, kart. ●●

Optimale Ernährung
für Krafttraining und Bodybuilding.
(**0912**-7) Von B. Dahmen, 88 S., 8 Farbtafeln, 8 Zeichnungen, kart. ●

Fit mit Bio-Training
für Kraft, Ausdauer und Schnelligkeit.
(**2310**-3) Von L. Spitz, 112 S., 197 Farbfotos, 11 Farb- und 4 s/w-Zeichnungen, kart. ●●

Aufwärmen
Übungen und Programme für Sport und Spiel
(**1311**-6) Von Dr. H. Wolff, 40 S., 8 Bildtafeln, Spiralbindung. ●●●

Fitneßtraining
Empfohlen vom Deutschen Sportbund
(**1245**-4) Von Marianne Schreiber, 32 S., Spiralbindung mit Ausklapptafeln. ●●

Wirbelsäulengymnastik
Empfohlen vom Deutschen Sportbund
(**1246**-2) Von L. Keller, 40 S., Spiralbindung mit Ausklapptafeln. ●●

Stretching
Empfohlen vom Deutschen Sportbund
(**1247**-0) Von A. Balk, 40 S., Spiralbindung mit Ausklapptafeln. ●●

Gesund und fit durch **Konditionstraining und Wirbelsäulengymnastik**
(**0844**-9) Von R. Milser und K. Grafe, 104 S., 99 Farbfotos, 12 Farbzeichnungen, 5 s/w-Zeichnungen, kart. ●●

Fit mit Tai Chi
als sanfte Körpererfahrung
(**2305**-7) Von B. u. K. Moegling, 112 S., 121 Farbfotos, 6 Farb- u. 4 s/w-Zeichnungen, kart. ●●

Isometrisches Training
Übungen für Muskelkraft und Entspannung.
(**0529**-6) Von L. M. Kirsch, 104 S., 150 s/w-Fotos, kart. ●●

Stretching
Mit Dehnungsgymnastik zu Entspannung, Geschmeidigkeit und Wohlbefinden.
(**0717**-5) Von H. Schulz, 80 S., 90 s/w-Fotos, kart. ●

Stretching
(**2304**-9) Von B. Kurz, 96 S., 255 Farbfotos, kart. ●●

Gesund und fit durch Gymnastik
(**0366**-8) Von H. Pilss-Samek, 88 S., 130 Abb., kart. ●

Fit und frisch
Gymnastik für die ganze Familie
(**6501**-9) Von G. Sieber, 104 S., 306 Farbfotos, 5 Farbzeichnungen, kart., mit Audiokassette, Laufzeit 30 Min. ●●●

Fit mit Laufen
(**2315**-4) Von W. Sonntag, 96 S., 60 Farbfotos, 8 Farbzeichnungen, kart. ●●

ZDF Sportjahr 92
Rekorde · Siege · Schicksale · Ergebnisse
(**4729**-0) Hrsg. B. Heller, 208 S., 306 Farbf., Pappband. ●●●

Freeclimbing
Technik und Training
(**1251**-9) Von T. Strobl, 144 S., durchgehend vierfarbig, kart. ●●●

Skateboard
Material · Technik · Fahrpraxis
(**1104**-0) Von F. Böhm, M. Rieger, 96 S., 321 Farbabbildungen, kartoniert. ●●●

Fit mit Sportschießen
(**2312**-X) Von H. Gabelmann, 96 S., 44 Farbabbildungen, 3 s/w-Fotos, 19 s/w-Zeichnungen, kart. ●●

Fechten
Florett · Degen · Säbel.
(**0449**-4) Von E. Beck, 88 S., 185 Fotos, 10 Zeichnungen, kart. ●●

Fit mit Sportabzeichen
(**2307**-3) Von G. Hennige, 104 S., 107 Farbfotos, kart. ●●

Fit mit Volleyball
(**2302**-2) Von Dr. A. Scherer, 104 S., 27 Farb- und 1 s/w-Foto, 12 Farb- und 29 s/w-Zeichnungen, kart. ●●

Fußball
(**2309**-X) Von H. Obermann, P. Walz, 112 S., 47 Farbfotos, 18 Farb- und 25 s/w-Zeichnungen, kart. ●●

Sepp Maier
Super-Torwart-Training
(**4451**-8) Von S. Maier, 168 S., 30 Farb- und 34 s/w-Fotos, 236 zweifarbige Zeichnungen, Pappband. ●●●

SportRegeln Fußball
Die offiziellen Regeln
Wissenswertes von A bis Z
(**1096**-6) 104 S., 36 s/w-Fotos, 27 Zeichnungen, kart. ●

Handball
Technik · Taktik · Regeln.
(**0426**-5) Von F. und P. Hattig, 128 S., 91 s/w-Fotos, 121 Zeichnungen, kart. ●●

Handball
Grundlagen für Training und Spiel
(**2321**-9) Von H.-P. Oppermann, 120 S., 39 Farbtafeln, 12 s/w-Fotos, 108 Farbzeichnungen, kartoniert. ●●

SportRegeln Handball
Die offiziellen Regeln
Wissenswertes von A bis Z
(**1099**-6) 88 S., 32 s/w-Fotos, 14 Zeichnungen, kart. ●

SportRegeln Rugby
Die offiziellen Regeln
Wissenswertes von A bis Z
(**1216**-0) 96 S., zahlreiche zweifarbige Abb., kart. ●

Tennis
Technik · Taktik · Regeln.
(**0375**-7) Von W. u. S. Taferner, 112 S., 81 Abb., kart. ●

SportRegeln Tennis
Die offiziellen Regeln
Wissenswertes von A bis Z
(**1097**-4) 88 S., 24 s/w-Fotos, 6 Zeichnungen, kart. ●

Tischtennis-Technik
Der individuelle Weg zu erfolgreichem Spiel.
(**0775**-2) Von M. Perger, 144 S., 296 Abb., kart. ●●

SportRegeln Tischtennis
Die offiziellen Regeln
Wissenswertes von A bis Z (**1252**-7) 96 S., zahlreiche zweifarbige Abb., kart. ●

Badminton
Technik · Taktik · Training.
(**0699**-3) Von K. Fuchs, L. Sologub, 168 S., 51 Abb., kart. ●●

Squash
(**2311**-1) Von P. Langhammer, R. Michna, 96 S., 86 Farbfotos, 13 Farbzeichn., kart. ●●

Squash
Ausrüstung · Technik · Regeln
(**0539**-3) Von D. von Horn, H.-D. Stünitz, 96 S., 55 s/w-Fotos, 25 Zeichnungen, kart. ●

SportRegeln Squash
Die offiziellen Regeln
Wissenswertes von A bis Z
(**1100**-8) 64 S., 11 s/w-Fotos, 23 Zeichnungen, kart. ●

SportRegeln Golf
(**1315**-9) Ca. 96 S., zahlr. s/w- Abb., kart. ●

Golf
Ausrüstung und Technik.
(**0343**-9) Von J. C. Jessop, 96 S., 57 Abb., Anhang Golfregeln des DGV, kart. ●

Eishockey
Lauf- und Stocktechnik, Körperspiel, Taktik, Ausrüstung und Regeln.
(**0414**-1) Von J. Capla, 264 S., 548 s/w-Fotos, 163 Zeichnungen, kart. ●●●

Billard
Grundstöße · Viertelbillard und Freie Partie
(**1313**-2) Von Dr. H. Stingel, ca. 128 S., ca. 200 Farbabb., kart. ●●●

Grundlagen für Training und Spiel
Pool-Billard
(**2318**-9) Von B. Pejcic, R. Meyer, 96 S., durchgehend vierfarbig, kart. ●●

Pool-Billard
(**0484**-2) Herausgegeben vom Deutschen Pool-Billard-Bund. Von M.Bach, K.-W. Kühn, 104 S., 64 Abb., kart. ●

Reiten
(**2322**-7) Von T. Eckholt, 128 S., durchgehend vierfarbig, kart. ●●

Tanzstunde
Das Welttanzprogramm leicht gelernt
(**4409**-2) Von G. Hädrich, 164 S., 489 s/w-Fotos, 63 Zeichnungen, Pappband. ●●●

Wir lernen Tanzen
(**0200**-9) Von E. Fern, 152 S., 119 s/w-Fotos, 47 Zeichnungen, kartoniert. ●●

Anmutig und fit durch
Bauchtanz
(**0911**-9) Von Marta, 120 S., 229 Farbfotos, 6 s/w-Zeichnungen, kart. ●●●

Sporttauchen
Theorie und Praxis des Gerätetauchens
(**0647**-0) Von S. Müßig, 144 S., 8 Farbtafeln, 35 s/w-Fotos, 89 Zeichnungen, kart. ●●

Fit mit Sporttauchen
(**2320**-0) Von Dr. F. Naglschmid, 112 S., 71 Farbfotos, 21 Zeichnungen, kart. ●●

Angelfischerei von Aal bis Zander
Fische · Geräte · Technik.
(**0324**-2) Von H. Oppel, 72 S., 16 Farbtafeln, 49 s/w-Abb., kart. ●●

Angeln
Kleine Fibel für den Sportfischer.
(**0198**-3) Von E. Bondick, 80 S., 4 Farbtafeln, 116 Abb., kart. ●

Fit mit Surfen
(**2317**-3) Von H. Mönster, K.-H. Eden, B. Bohr, 104 S., 110 Farbfotos, 23 s/w-Zeichnungen, kartoniert. ●●

TELESKI
Skigymnastik perfekt
(**1037**-0) Von M. Vorderwülbecke, G. Kern, 120 S., 220 Farbfotos, 16 farbige Grafiken, 19 Farbzeichnungen, kartoniert. ●●

Snowboarding
Ausrüstung · Fahrtechnik · Wettkämpfe
Videokassette (**6139**-0) VHS, ca. 45 Min., in Farbe. ●●●●*

Fibel für Kegelfreunde
Sport- und Freizeitkegeln · Bowling
(**0191**-6) Von G. Bocsai, 72 S., 62 Abb., kart. ●

111 spannende Kegelspiele
(**2031**-7) Von H. Regulski, 80 S., 53 Zeichnungen, kart. ●

Beliebte und neue
Kegelspiele
(**0271**-8) Von H. Regulski, 92 S., 62 Abbildungen, kartoniert. ●

Mensch und Gesundheit

Der moderne Ratgeber
Wir werden Eltern
Schwangerschaft · Geburt · Erziehung des Kleinkindes.
(**4269**-8) Von B. Nees-Delaval, 376 S., 335 2-farbige Abb., Pappband. ●●●●

Ich bekomme ein Baby
Wegweiser für Schwangerschaft und Geburt
(**1254**-3) Von B. Nees-Delaval, 144 S., durchgehend zweifarbig, kart. ●●

Wenn der Mensch zum Vater wird
Ein heiter-besinnlicher Ratgeber
(**4259**-0) Von D. Zimmer, 160 S., 20 Zeichnungen, Pappband. ●●●

Vorbereitung auf die Geburt und
Schwangerschaftsgymnastik
Atmung, Rückbildungsgymnastik,
(**0251**-3) Von S. Buchholz, 112 S., 98 s/w-Fotos, kartoniert. ●

Die Kunst des Stillens
nach neuesten Erkenntnissen (**0701**-9) Von Prof. Dr. med. E. Schmidt, S. Brunn, 112 S., 20 Fotos und Zeichnungen, kart. ●

Das Babybuch
Pflege · Ernährung · Entwicklung
(**0531**-8) Von A. Burkert, 96 S., 76 zweifbg. Zeichnungen, 22 s/w-Zeichnungen, kart. ●●

Babyfitneß
Massage, Spiele, Gymnastik und Schwimmen für Kinder im 1. Lebensjahr
(**1034**-6) Von G. Zeiß, 112 S., 179 zweifarbige Illustrationen, , kartoniert. ●●

Wenn Kinder krank werden
Medizinischer Ratgeber für Eltern
(**4240**-X) Von B. Nees-Delaval, 232 S., 163 Zeichnungen, Pappband. ●●●

Keinen Mann um jeden Preis
Das neue Selbstverständnis der Frau in der Partnerbeziehung
(**4440**-2) Von Shere Hite, Kate Colleran, 208 S., Pappband. ●●●

Total verknallt... und keine Ahnung?
Alles über Liebe, Sex und Zärtlichkeit
(**1024**-9) Von H. Bruckner, R. Rathgeber, 104 S., 38 Abbildungen, kartoniert. ●●

Streicheleinheiten für Körper und Seele
Partnermassage
(**4444**-5) Von Chr. Unseld-Baumanns, 136 S., 145 Farbfotos, Pappband. ●●●●

Wörterbuch der Medizin
(**4535**-2) 400 S., 229 Farbf., Pappband. ●●●●

Bildatlas des menschlichen Körpers
(**4177**-2) Von G. Pogliani, V. Vannini, 112 S., 402 Farbabb., 28 s/w-Fotos, Pappband. ●●●●

Nahrungsmittelallergien
So ernähren Sie sich richtig!
(**0913**-5) Von Priv.-Doz. Dr. med. Dr. med. habil. J. von Mayenburg, Prof. Dr. med. Dr. phil. S. Borelli, E. Polster, 136 S., kart. ●●

Arteriosklerose
Risikofaktoren/Vorbeugung/Therapie
Richtige Ernährung bei erhöhtem Cholesterinspiegel.
(**1020**-6) Von Prof. Dr. med. G. Assmann, Dr. troph. U. Wahrburg, 192 S., 84 farb. Abb., 4 s/w-Zeichnungen, kartoniert. ●●●

Asthma
Pseudokrupp, Bronchitis und Lungenemphysem
Krankheitsbilder · Diagnose · Therapie
(**1126**-1) Von Prof. Dr. med. W. Schmidt, S. Ertelt, 152 Seiten, 110 zweifarbige Zeichnungen, kartoniert. ●●●

Diabetes
Krankheitsbild, Therapie, Kontrollen, Schwangerschaft, Sport, Urlaub, Alltagsprobleme. Neueste Erkenntnisse der Diabetesforschung. (**0895**-3) Von Dr. med. H. J. Krönke, 120 S., 4 Farbtafeln, 14 s/w-Fotos, 13 s/w-Zeichnungen, kartoniert. ●

Das moderne Hausbuch der Naturheilkunde
Neueste Erkenntnisse der Ganzheitsmedizin von Akupressur bis Zelltherapie.
(**4403**-8) Von G. Leibold, 448 S., 263 Farbzeichn., 15 s/w-Fotos, , Pappband. ●●●●●

Naturkosmetik
Die Grundlagen gesunder und natürlicher Hautpflege.
(**1080**-X) Von N. E. Haas, 120 S., 63 Farbabb., kartoniert. ●●

Die sanfte Art des Heilens
Homöopathie
Praktische Anwendung und Arzneimittellehre
(**4418**-X) Von J. H. P. Kreuter, 216 S., 49 Zeichnungen, Pappband. ●●●

Aromatherapie
Gesundheit und Entspannung durch ätherische Öle.
(**1131**-8) Von K. Schutt, 96 S., 40 zweifarbige Abbildungen, kartoniert. ●●

Heilatmen
Ein Weg zu Lebenskraft und innerer Harmonie
(**1047**-8) Von K. Schutt, 112 S., 57 zweifarbige Abb., kartoniert. ●●

Wetterfühligkeit
Vorbeugen und behandeln
Der Einfluß von Wetter und Klima auf Körper und Psyche.
(**0998**-4) Von Dipl.-Met. H. Trenkle, fachl. Beratung Prof. Dr. V. Faust, 120 S., 8 Farbtafeln, 31 zweifarbige Abbildungen und Tabellen, kartoniert. ●●●●

Bewährte Naturheilverfahren bei
Herz-Kreislauf-Erkrankungen
(**1084**-2) Von Dr. med. O. Wolff, G. Leibold, 104 S., kartoniert. ●

Risiko Herzinfarkt
(**1217**-9) Von Dr. C. Halhuber, Prof. Dr. M. J. Halhuber, 160 S., durchgehend zweifarbig, kart. ●●●

Krebsangst und Krebs behandeln
Mit einem Vorwort von Prof. Dr. med. Friedrich Douwes.
(**0839**-2) Von G. Leibold, 104 S., kartoniert. ●

Bewährte Naturheilverfahren bei
Krebs
(**1082**-6) Hrsg. H.-R. Heiligtag, 88 S., kartoniert. ●

Heilen mit Blütenenergien
nach Dr. Bach
(**1141**-5) Von J. Wenzel, ca. 96 S., kart. ●

Bewährte Naturheilverfahren bei
Migräne und Schlafstörungen
(**1081**-8) Von G. Leibold, Dr. med. H. Chr. Scheiner, 112 S., kartoniert. ●

Gesunder Schlaf
Schlafstörungen ohne Medikamente erfolgreich behandeln.
(**1036**-2) Von D. H. Alke, 88 S., 22 s/w-Abb., mit Audiokassette, kartoniert. ●●●

Natürliche Behandlungsmethoden bei
Rückenschmerzen
Massage · Gymnastik · Entspannung
(**4447**-X) Von Prof. Dr. med. H. Hess, K. Eder, H.-J. Montag, K. Schutt, 152 S., 168 Farbabbildungen, Pappband. ●●●

TELE-Rückenschule
Wohlbefinden durch bewußte Körpererfahrung
(**1310**-8) Von K. Haak, 64 S., 19 Farb-, 24 s/w-Fotos, 24 Zeichn., 2 Ausklapptafeln, mit Audiokassette, kart. ●●●●

TELE-Rückenschule
Wohlbefinden durch bewußte Körpererfahrung
Videokassette (**6108**-0) VHS, ca. 60 Min., in Farbe, mit Broschüre. ●●●●*

Rheuma behandeln und lindern
Mit einem Vorwort von Dr. med. Max-Otto Bruker.
(**0836**-8) Von G. Leibold, 96 S., kartoniert. ●

Besser sehen durch Augentraining
Ein Gesundheitsprogramm zur Verbesserung des Sehvermögens.
(**0914**-3) Von K. Schutt, B. Rumpler, 96 S., 32 s/w-Zeichnungen, kartoniert. ●

So arbeitet das
Immunsystem
(**1253**-5) Von V. Friebel, I. Ledvina, A. Roßmeier, 192 S., durchgehend zweifarbig, kart. ●●●

Allergien behandeln und lindern
Mit einem Vorwort von Prof. Dr. med. Axel Stemmann.
(**0840**-6) Von G. Leibold, 96 S., 4 Zeichnungen, kartoniert. ●

Enzyme
Vitalstoffe für die Gesundheit
(**0677**-2) Von G. Leibold, 96 S., kartoniert. ●

Besser leben durch Fasten
(**0841**-4) Von G. Leibold, 96 S., kartoniert. ●

Die echte Schroth-Kur
(**0797**-3) Von Dr. med. R. Schroth, 88 S., 2 s/w-Fotos, kartoniert. ●

Massagetechniken und Heilanzeigen
Reflexzonentherapie
(**4404**-6) Von G. Leibold, 128 S., 53 Farbzeichnungen, Pappband. ●●●

Akupressur zur Eigenbehandlung
(**0417**-6) Von G. Leibold, 112 S., 78 Abb., kartoniert. ●

Shiatsu-Massage
Harmonisierung der Energieströme im Körper
(**0615**-2) Von G. Leibold, 196 S., 180 Abb., kartoniert. ●●●

Fußsohlenmassage
Heilanzeigen · Technik · Selbsthilfe
(**0714**-0) Von G. Leibold, 96 S., 38 Zeichnungen, kartoniert. ●

Entspannung und Schmerzlinderung durch
Massage
(**0750**-7) Von B. Rumpler, K. Schutt, 112 S., 116 zweifarbige Zeichnungen, kart. ●

Gesundheit und Entspannung durch
Massage
(**1317**-5) Von K. Schutt, ca. 176 S., ca. 200 zweifbg. Abb., kart. ●●●

Entspannung
(**0834**-1) Von Dr. Med. Chr. Schenk, 88 S., 29 Zeichnungen, kart. ●

Autogenes Training
Ein Programm zur Streßbewältigung
(**1278**-0) Von Dr. P. Kruse, B. Pavlekovic, K. Haak, 112 S., durchgehend zweifarbig, kart. ●●●

Erfolg und Lebensfreude durch
Autogenes Training und Psychokybernetik
(**1035**-4) Von D. H. Alke, 80 S., 2 s/w-Zeichnungen, mit Audiokassette, kartoniert. ●●●

Chinesisches Schattenboxen
Tai-Ji-Quan
für geistige und körperliche Harmonie
(**0850**-3) Von F.T. Lie, 120 S., 221 s/w-Fotos, 9 s/w-Zeichnungen, Beilage: 1 s/w-Poster mit zahlreichen Abbildungen, kart. ●●

Yoga für jeden
(**1277**-2) Von K. Zebroff, 144 S., Spiralbindung, durchgehend vierfarbig, kart. ●●●

Yoga
Weg zur Harmonie
(**4417**-8) Von A. Harf, W. von Rohr, 176 S., 171 Farbfotos, 12 s/w-Zeichnungen, Pappband. ●●●●

Yoga gegen Haltungsschäden und Rückenschmerzen
(**0394**-3) Von A. Raab, 104 S., 215 Abb., kartoniert. ●

PfundsKur Kochbuch
(**4726**-6) Von F. Metzler, ca. 112 S., zahlr. Farbabbildungen, Pappband. ●●●

Fit ohne Fett
Die neue PfundsKur
(**1370**-1) Von Prof. Dr. V. Pudel, ca. 144 S., kart. ●

Die aktuelle
Ballaststofftabelle
(**1288**-8) Von Dr. H. Oberritter, 80 S., kart. ●

Neue Rezepte für **Diabetiker-Diät**
Vollwertig · abwechslungsreich · kalorienarm
(**0418**-4) Von M. Oehlrich, 96 S., 8 Farbtafeln, kartoniert. ●

Diät bei Herzkrankheiten und Bluthochdruck
Rezeptteil von B. Zöllner
(**3202**-1) Von Prof. Dr. med. H. Rottka, 92 S., 4 Farbtafeln, kartoniert. ●●

Diät bei Erkrankungen der Nieren, Harnwege und bei Dialysebehandlung
Rezeptteil von B. Zöllner.
(**3203**-X) Von Prof. Dr. med. Dr. h. c. H. J. Sarre und Prof. Dr. med. R. Kluthe, 96 S., 33 Farbfotos, 1 s/w-Zeichnung, kartoniert. ●●

Richtige Ernährung wenn man älter wird
Rezeptteil von B. Zöllner
(**3204**-8) Von Prof. Dr. med. H.-J. Pusch, 96 S., 36 Farbfotos und 3 s/w-Zeichnungen, kartoniert. ●●

Diät bei Darmkrankheiten
Durchfall · Divertikulose, Reizdarm und Darmträgheit · einheimische Sprue (Zöllakie) · Disaccharidasemangel · Dünndarmresektion · Dumping Syndrom, Rezeptteil von B. Zöllner. (**3211**-0) Von Prof. Dr. med. G. Strohmeyer, 88 S., 4 Farbtafeln, kartoniert. ●●

Diät bei Gicht und Harnsäuresteinen
Rezeptteil von B. Zöllner.
(**3205**-6) Von Prof. Dr. med. N. Zöllner, 112 S., 35 Farbtafeln, kartoniert. ●●

Diät bei Zuckerkrankheit
Rezeptteil von B. Zöllner (**3206**-4) Von Prof. Dr. med. P. Dieterle, 112 S., 42 Farbfotos, 4 vierfarbige Vignetten, 1 s/w-Zeichnung, kartoniert. ●●

Diät bei Störungen des Fettstoffwechsels und zur Vorbeugung der Arteriosklerose
Rezeptteil von B. Zöllner.
(**3208**-0) Von Prof. Dr. med. G. Wolfram, 102 S., 32 Farbfotos, kartoniert. ●●

Ballaststoffreiche Kost bei Funktionsstörungen des Darms
Rezeptteil von B. Zöllner.
(**3212**-9) Von Prof. Dr. med. H. Kasper, 96 S., 34 Farbfotos, 1 s/w-Foto, kart. ●●

Diät bei Krankheiten des Magens und Zwölffingerdarms
Rezeptteil von B. Zöllner
(**3201**-3) Von Prof. Dr. med. H. Kaess, 96 S., 35 Farbfotos, 1 s/w-Zeichnung, kartoniert ●●

Diät bei Krankheiten der Gallenblase, Leber und Bauchspeicheldrüse
Rezeptteil von B. Zöllner.
(**3207**-2) Von Prof. Dr. med. H. Kasper, 88 S., 35 Farbfotos, 1 s/w-Zeichnung, , kart. ●●

Diät bei Übergewicht
Rezeptteil von B. Zöllner.
(**3209**-9) Von Prof. Dr. med. Ch. Keller, 104 S., 42 Farbfotos, 3 s/w-Zeichnungen, kart. ●●

Garten und Tiere

FALKEN Gartenjahr
(**4730**-4) Von K. Greiner, A. Weber, P. Michaeli-Achmühle, ca. 320 S., zahlreiche Farbabbildungen, Pappband. ●●●

Garten heute
Der moderne Ratgeber · Über 1000 Farbbilder. (**4283**-3) Von H. Jantra, 384 S., über 1000 Farbabb., Pappband. ●●●●

Helmut Jantras Gartenbuch
Obst · Gemüse · Blumen
(**4522**-0) Von H. Jantra, 200 S., 395 Farbfotos, 123 Farbzeichnungen, 25 Tabellen, Pappband. ●●

1000 ganz bewährte Garten-Tips
(**4453**-4) Von H. Jantra, 320 S., 288 zweifbg. und 62 s/w-Zeichn., , Pappband. ●●●

Obst, Gemüse, Blumen, Gras
Gärtnern macht den Kindern Spaß
(**4517**-4) Von U. Krüger, 96 S., 85 Farbfotos, 180 Farbzeichznungen, Pappband. ●●

Rosen
Auswahl · Pflege · Gestaltung
(**1183**-0) Von H. Jantra, 120 S., 200 Farbfotos, 20 Farbzeichnungen, 8 Bepflanzungspläne, kartoniert. ●●

Erfolgstips für den Obstgarten
Gesunde Früchte durch richtige Sortenwahl und Pflege
(**0827**-9) Von F. Mühl, 184 S., 16 Farbtafeln, 33 Zeichnungen, kartoniert. ●●

Erfolgstips für den Gemüsegarten
Mit naturgemäßem Anbau zu höherem Ertrag. (**0674**-8) Von F. Mühl, 80 S., 30 s/w-Fotos, 4 Zeichnungen, kartoniert. ●●

Obstgehölze sachgemäß schneiden
(**1127**-X) Von P. G. Wilhelm, 136 S., 8 s/w-Abb., 367 Zeichnungen, kartoniert. ●●

Erfolgreich gärtnern mit
Frühbeet und Folie
(**0828**-7) Von Dr. Gustav Schoser, 88 S., 8 Farbtafeln, 46 s/w-Fotos, kartoniert. ●

Aktion Garten ohne Gift
Gesunde Umwelt durch natürlichen Pflanzenschutz.
Ein Praxis-Handbuch von E. Hoplitschek u. B. M. Tegethoff. (**4425**-9) 176 S., 250 Farbfotos, 35 Farb- und 29 s/w-Zeichnungen, Pappband. ●●●●

Kompost im Hausgarten
herstellen und anwenden
(**1258**-6) Von H. Abels, J. Jöstingmeier, ca. 30 zweifarbige Zeichnungen, kart. ●

Der naturgemäße Zier- und Wohngarten
Anlegen · Gestalten · Pflegen
(**0748**-5) Von I. Gabriel, 128 S., 72 Farbfotos, 46 Farbzeichnungen, kartoniert. ●●

Natürlich gärtnern unter Glas und Folie
Anbauen und ernten rund ums Jahr
(**0722**-1) Von I. Gabriel, 128 S., 62 Farbfotos, 45 Farbzeichnungen, kartoniert. ●●

Dekorative Kübelpflanzen
Auswahl und Plfege
(**1074**-5) Von H. Jantra, 112 S., 180 Farbfotos, 35 Farbzeichnungen, kartoniert. ●●

Blütenpracht auf Balkon und Terrasse
(**0928**-3) Von M. Haberer, 88 S., 139 Farbfotos, kartoniert. ●●

Moderne Gartengestaltung
(**1255**-1) Von K. Greiner, A. Weber, 128 S., mit Rasterbogen und Planelementen zum Ausschneiden, ca. 120 Farbfotos, ca. 20 vierfarbige Pläne, kart. ●●●

Gestaltungsideen für
Schöne Gärten
(**4482**-8) Von H. Jantra, 168 S., 309 Farbfotos, 3 s/w-Fotos, , Pappband. ●●●●●

Der pflegeleichte Hausgarten
(**1170**-9) Von H. Jantra, 112 S., vierfarbige Abb., kart. ●●

Schöne Kräutergärten
(**1256**-X) Von H. Jantra, 112 S., vierfarbige Abb., kart. ●●

Kleingärten
Planen · Anlegen · Pflegen
(**1015**-X) Von H. Jantra, 88 S., 123 Farbfotos, 1 s/w-Foto, 14 Farbzeichnungen, , kart. ●●

Reihenhausgärten
Planen · Anlegen · Pflegen
(**1016**-8) Von H. Jantra, 104 S., 134 Farbfotos, 45 Farbzeichnungen, kart. ●●

Kletterpflanzen
Mit Sonderteil Dachbegrünung
(**4546**-8) Von U. Mehl, K. Werk, 128 S., ca. 150 Farbfotos, farbige und s/w-Zeichnungen, Pappband. ●●●●

Steingärten Wirkungsvoll gestalten und sachgerecht pflegen
(**4452**-6) Von A. Throll-Keller, 128 S., 203 Farbf., 56 Farbzeichn., Pappband. ●●●●

Gartenteiche, Tümpel und Weiher
naturnah anlegen und pflegen
(**1073**-7) Von Dr. F. Liedl, H. Goos, 80 S., 87 Farbfotos, 39 Farbzeichnungen, kart. ●●

Wasser im Garten
Von der Vogeltränke zum Naturteich · Natürliche Lebensräume selbst gestalten. (**4230**-2) Von H. Hendel, P. Keßeler, 240 S., 315 Farbabb., 11 s/w-Fotos, Pappband. ●●●●●

Pflanzen und Tiere für den Gartenteich
(**1171**-7) Von W. Costa, 128 S., 169 Farbfotos, 40 Farbzeichnungen, 8 Bepflanzungspläne, kartoniert. ●●

Wintergärten
Das Erlebnis, mit der Natur zu wohnen. Planen, Bauen und Gestalten.
(**4256**-6) Von LOG ID, 136 S., 130 Farbfotos, 107 Zeichnungen, Pappband. ●●●●

Rund ums Jahr erfolgreich gärtnern
Gewächshäuser
planen · bauen · einrichten · nutzen
(**4408**-9) Von Dr. G. Schoser, J. Wolff, 232 S., 368 Farbabb., 5 s/w-Fotos, Pappband. ●●●●●

Das moderne Handbuch **Zimmerpflanzen**
(**4416**-X) Von H. Jantra, 304 S., 766 Farbfotos, 64 Farb- und 19 s/w-Zeichnungen, Pappband. ●●●●

365 Erfolgstips für schöne Zimmerpflanzen
(**0893**-7) Von H. Jantra, 144 S., 215 Farbfotos, kartoniert. ●●

Dekorative Blattpflanzen
Auswahl und Pflege
(**1128**-8) Von H. Jantra, 128 S., 198 Farbfotos, 20 Farbzeichnungen, kartoniert. ●●

Prof. Stelzers grüne Sprechstunde
Gesunde Zimmerpflanzen
Krankheiten erkennen und behandeln. Mit neuem Diagnosesystem.
(**4274**-4) Von Prof. Dr. G. Stelzer, 192 S., 410 Farbfotos, 10 s/w-Zeichnungen, Pappband. ●●●●

Hydrokultur
Pflanzen ohne Erde – mühelos gepflegt.
(**0944**-5) Von H.-A. Rotter, 144 S., 167 Farbfotos, 13 Farbzeichnungen, kart. ●●

Gesunde Pflanzen in
Hydrokultur
(**1257**-8) Von H.-A. Rotter, 80 S., ca. 60 s/w-Zeichnungen, 8 Farbtafeln, kart. ●

Bonsai Japanische Miniaturbäume und Miniaturlandschaften. Anzucht, Gestaltung und Pflege.
(**4091**-1) Von B. Lesniewicz, 160 S., 106 Farbfotos, 46 s/w-Fotos, 115 Zeichnungen, gebunden. ●●●●●

Fibel für Kakteenfreunde
(**0199**-1) Von H. Herold, 102 S., 23 Farbfotos, 37 s/w-Abb. kartoniert. ●

Grzimek Juniors **BUNTE TIERWELT**
(**4295**-7) Von Chr. Grzimek, 208 S., 308 Farbfotos, Pappband. ●●●●

Hunde
Rassen · Ausbildung · Pflege · Zucht
(**4118**-7) Von H. Bielfeld, 192 S., 222 Farb- und 73 s/w-Abb., Pappband. ●●●●

Das neue Hundebuch
Rassen · Aufzucht · Pflege (**0009**-X) Von W. Busack, überarbeitet von Dr. med. vet. A. H. Hacker und H. Bielfeld, 112 S., 8 Farbtafeln, 27 s/w-Fotos, 6 Zeichnungen, kartoniert. ●

Alles über Dackel, Teckel und Dachshunde
(**1079**-6) Von M. Wein-Gysae, 80 S., 46 Farbfotos, 2 zweifarbige Zeichnungen, kart. ●●

Hundeausbildung
Verhalten · Gehorsam · Ausbildung
(**0346**-3) Von R. Menzel, 88 S., 26 Fotos, kartoniert. ●

Grundausbildung für Gebrauchshunde
Schäferhund, Boxer, Rottweiler, Dobermann, Riesenschnauzer, Airedaleterrier, Hovawart und Bouvier.
(**0801**-5) Von M. Schmidt und W. Koch. 104 S., 8 Farbtafeln, 51 s/w-Fotos, 5 s/w-Zeichnungen, kartoniert. ●●

Der Hund in der Familie
(**1014**-1) Von J. Werner, 128 S., 106 Farbfotos, kartoniert. ●●

Der Deutsche Schäferhund
(**1091**-5) Von U. Förster, 112 S., 47 Farbzeichnungen, 2 s/w-Fotos, kartoniert. ●●

Der Deutsche Schäferhund
Aufzucht · Pflege und Ausbildung
(**0073**-1) Von A. Hacker, 104 S., 56 Abbildungen, kartoniert. ●

Alles über junge Hunde
(**0863**-5) Von Dr. med. vet. E. M. Bartenschlager, 64 S., 49 Farbfotos, 6 Zeichnungen, kartoniert. ●●

Richtige Hundeernährung
(**0811**-2) Von Dr. med. vet. E. M. Bartenschlager, 80 S., 51 Farbfotos, 4 Farbzeichn, kartoniert. ●●

Hundekrankheiten
(**1077**-X) Von Dr. med. vet. R. Spangenberg, 96 S., 44 Farb- und 1 s/w-Foto, 22 Farbzeichnungen, kartoniert. ●●

Von Ajax bis Zamperl
Die beliebtesten Hunde-Namen
(**1174**-1) Von H.-J. Schließke, ca. 80 S., kartoniert. ●

Katzen
Rassen · Verhalten · Pflege · Zucht
(**4158**-6) Von B. Gerber, 176 S., 294 Farb- und 88 s/w-Fotos, Pappband. ●●●●

Das neue Katzenbuch
Rassen · Aufzucht · Pflege.
(**0427**-3) Von B. Eilert-Overbeck, 120 S., 14 Farbfotos, 26 s/w-Fotos, kartoniert. ●

Katzenkrankheiten
erkennen und behandeln
(**1078**-8) Von Dr. med. vet. R. Spangenberg, 104 S., 40 Farbfotos und 11 Farbzeichnungen, kartoniert. ●●

Junge Katzen
(**0862**-7) Von Dr. med. vet. E. M. Bartenschlager, 72 S., 40 Farbfotos, 4 Farbzeichnungen, kartoniert. ●

Pferde
(**4186**-1) Von H. Werner, 176 S., 196 Farb- und 50 s/w-Fotos, 100 Zeichnungen, Pappband. ●●●●

Reiten im Bild
(**0415**-X) Von H. Werner, 128 S., 142 Farbfotos, 107 Farbzeichnungen, kartoniert. ●●

Der Hobby-Imker
(**0978**-X) Von Dr. R. F. A. Moritz, 144 S., 106 zweifarbige Zeichnungen, kartoniert. ●●

Geflügelhaltung als Hobby
(**0749**-3) Von M. Baumeister, H. Meyer, 184 S., 8 Farbtafeln, 47 s/w-Fotos, 15 zweifarbige Zeichnungen, kartoniert. ●●

Sittiche und kleine Papageien
(**0864**-3) Von Dr. med. vet. E. M. Bartenschlager, 88 S., 84 Farbfotos, 9 Zeichnungen, kartoniert. ●●

Alles über Großsittiche
(**1320**-5) Von H. Bielfeld, 88 S., 88 Farbfotos, 3 Farbzeichnungen, kart. ●●

Alles über Wellensittiche
(**1129**-6) Von H. Bielfeld, 64 S., 53 Farbfotos, 3 Zeichnungen, kartoniert. ●●

Alles über Kanarienvögel
(**0901**-1) Von H. Schnoor, 64 S., 58 Farbfotos und Zeichnungen, kartoniert. ●●

Die Tiersprechstunde
Artgerechte Vogelfütterung im Winter
(**0908**-9) Von Dr. W. Keil, 64 S., 51 Farbfotos und Zeichnungen, kartoniert. ●

Elternlose Jungvögel
Erste Hilfe · Aufzucht · Auswilderung
(**1319**-1) Von I. Polaschek, 80 S., 80 Farbfotos, 5 Farbzeichnungen, kart. ●●

Süßwasser-Aquarium
(**4191**-8) Von H. J. Mayland, 288 S., 564 Farbfotos, 75 Zeichnungen, Pappband. ●●●●●

Die Tiersprechstunde
Gesunde Fische im Süßwasseraquarium
(**1013**-3) Von H. J. Mayland, 96 S., 73 Farbfotos, 10 Zeichnungen, kartoniert. ●●

Alles über Zwerg- und Goldhamster
(**1012**-5) Von M. Mettler, 96 S., 96 Farbfotos, kartoniert. ●●

Alles über Chinchillas und Degus
(**1130**-X) Von M. Mettler, 96 S., 80 Farbfotos, 3 Zeichnungen, kartoniert. ●●

Alles über Meerschweinchen
(**0809**-0) Von Dr. med. vet. E. M. Bartenschlager, 72 S., 43 Farbfotos, 11 Farbzeichnungen, kartoniert. ●●

Alles über Zwergkaninchen
(**1075**-3) Von M. Mettler,. 64 S., 52 Farbfotos, kartoniert. ●●

Alles über Rennmäuse
(**1318**-3) Von M. Mettler, 80 S., 74 Vignetten, kart. ●●

Reise

Der Metternich 93
(**4728**-2) Hrsg. C. Arius, 560 S., 288 Farbfotos, Pappband. ●●●●

Berlin
Die neue Metropole
(**1145**-8) Von R. Mader, 96 S., 116 Farbfotos, 15 hist. Landschafts- und Städteabbildungen,1 Stadtplan, kartoniert. ●●

An der Ostseeküste in Mecklenburg
(**1137**-7) Von R. Mader, 96 S., 94 Farbfotos, 18 hist. Städte- und Landschaftsabbildungen, kartoniert. ●●

Der Thüringer Wald und die Dichterstädte
(**1135**-0) Von R. Mader, 96 S., 95 Farbfotos, 17 hist. Landschafts- und Städteabbildungen, kartoniert. ●●

Dresden
Barockperle an der Elbe
(**1134**-2) Von R. Mader, 96 S., 97 Farbfotos, 13 hist. Landschafts- und Städteabbildungen, 1 s/w-Foto, 1 aufklappbarer Stadtplan, kart. ●●

Vom Spreewald zur Lausitz
(**1136**-9) Von R. Mader, 96 S., 95 Farbfotos, 11 hist. Landschafts- und Städteabbildungen, 1 Panoramakarte, kartoniert. ●●

FALKEN Video
Reiseziel Berlin
(**6067**-X) VHS, ca. 60 Minuten, in Farbe, Kompaktreiseführer mit Panoramakarte im Taschenformat. ●●●●●*

FALKEN Video
Reiseziel USA
Der Südwesten mit LAS VEGAS und den schönsten Sehenswürdigkeiten in den ROCKY MOUNTAINS.
(**6055**-6) VHS, ca. 60 Minuten, in Farbe, Kompaktreiseführer mit Panoramakarte im Taschenformat. ●●●●●*

FALKEN Video
Info-Tour USA
Die Highlights aus dem FALKEN Reiseprogramm New York, Kalifornien, Florida und USA Süd-West.
(**6060**-2) VHS, ca. 30 Minuten, in Farbe. ●*

FALKEN Video
Reiseziel New York
(**6048**-3) VHS, ca. 60 Minuten, in Farbe, mit Begleitbroschüre. ●●●●●*

FALKEN Video
Reiseziel Florida
(**6054**-8) VHS, ca. 60 Minuten, in Farbe, Kompaktreiseführer mit Panoramakarte im Taschenformat. ●●●●●*

FALKEN Video
Reiseziel Kalifornien
San Francisco und die schönsten Ziele in Kalifornien.
(**6049**-1) VHS, ca. 60 Minuten, in Farbe, mit Begleitbroschüre. ●●●●●*

FALKEN Video
Reiseziel Hawaii
(**6063**-7) VHS, ca. 60 Minuten, in Farbe, Kompaktreiseführer mit Panoramakarte im Taschenformat. ●●●●●*

FALKEN Video
Reiseziel Malediven
(**6116**-1) VHS, ca. 60 Minuten, in Farbe, mit Kompaktreiseführer im Taschenformat. ●●●●●*

FALKEN Video
Reiseziel Thailand
Exotisches Bangkok, traumhafte Strände, berühmte Tempel und Paläste.
(**6065**-3) VHS, ca. 60 Minuten, in Farbe, Kompaktreiseführer mit Panoramakarte im Taschenformat. ●●●●●*

FALKEN Video
Reiseziel Hongkong
(**6087**-4) VHS, ca. 60 Minuten, in Farbe, mit Kompaktreiseführer im Taschenformat. ●●●●●*

FALKEN Video
Reiseziel Info-Tour Fernost
Die Highlights aus den FALKEN Reisevideos Thailand, Bali, Hongkong
(**6094**-7) VHS, ca. 30 Minuten, in Farbe, mit Kompaktreiseführer im Taschenformat. ●●*

FALKEN Video
Reiseziel Kanarische Inseln
Schöne Strände, interessante Exkursionen.
(**6065**-5) VHS, ca. 60 Minuten, in Farbe, Kompaktreiseführer mit Panoramakarte im Taschenformat. ●●●●●*

FALKEN Video
Reiseziel Barcelona
(**6115**-3) VHS, ca. 60 Minuten, in Farbe, mit Begleitbroschüre. ●●●●●*

FALKEN Video
Reiseziel Florenz
(**6127**-7) VHS, ca. 60 Minuten, in Farbe, mit Kompaktreiseführer im Taschenformat. ●●●●●*

FALKEN Video
Reiseziel Toscana
(**6074**-2) VHS, ca. 60 Minuten, in Farbe, mit Kompaktreiseführer im Taschenformat. ●●●●●*

FALKEN Video
Reiseziel Rom
(**6076**-9) VHS, ca. 60 Minuten, in Farbe, mit Kompaktreiseführer im Taschenformat. ●●●●●*

FALKEN Video
Reiseziel Venedig
(**6117**-X) VHS, ca. 60 Minuten, in Farbe, mit Kompaktreiseführer im Taschenformat. ●●●●●*

FALKEN Video
Reiseziel Mallorca
(**6118**-8) VHS, ca. 60 Minuten, in Farbe, mit Kompaktreiseführer im Taschenformat. ●●●●●*

FALKEN Video
Reiseziel Irland
Entdeckungsreise mit Boot und Planwagen, präzise Informationen, praktische Tips.
(**6059**-9) VHS, ca. 60 Minuten, in Farbe, mit Kompaktreiseführer im Taschenformat. ●●●●●*

FALKEN Video
Reiseziel Norwegen
Rundreise zu den schönsten Fjorden, präzise Informationen, praktische Tips.
(**6058**-0) VHS, ca. 60 Minuten, in Farbe, Kompaktreiseführer mit Panoramakarte im Taschenformat. ●●●●●*

Rat und Wissen

Der gute Ton
in Gesellschaft und Beruf.
(**0063**-4) Von I. Wolter, 80 S., 42 s/w-Fotos, 7 Zeichnungen, kartoniert. ●

Der gute Ton
im Privatleben.
(**1111**-3) Von I. Wolter, bearbeitet von Wolf Stenzel, 104 S., 42 s/w-Abbildungen, kartoniert. ●

Umgangsformen heute
Die Empfehlungen des Fachausschusses für Umgangsformen.
(**4015**-6) 252 S., 108 s/w-Fotos, 17 Zeichnungen, Pappband. ●●●

Benehmen bei Tisch
(**0988**-7) Von I. Cording, 80 S., 90 Farbfotos, 5 s/w-Zeichnungen, kartoniert. ●●

Krawatten
Fliegen, Schals und Tücher gekonnt binden
(**1072**-9) Von Y. Thalheim, H. Nadolny, 48 S., 129 Farbfotos, 1 s/w-Foto, Pappband. ●

freundin
Das perfekte Make-up
(**4727**-4) Von M. Rüdiger, H. Kirchberger, G. Mergenburg, 128 S., 271 Farbfotos, Pappband. ●●●●

freundin Ratgeber
Hochzeit feiern
(**4702**-2) Von C. von Hoerner-Nitsch, I. Weber, K. Riebartsch, C. von Bernuth, 128 S., 188 Farbfotos, 28 s/w-Fotos, Pappband. ●●●●

Gedichte, Reden und Sketche
für grüne, silberne und goldene Hochzeitstage
(**1269**-1) Von F. Rieder, 160 S., durchgehend vierfarbig, Pappband. ●●

Wir heiraten
Ratgeber zur Vorbereitung und Festgestaltung der Verlobung und Hochzeit.
(**4188**-8) Von C. Poensgen, 216 S., 8 s/w-Fotos, 30 s/w-Zeichnungen, 8 Farbtafeln, Pappband. ●●●

Von der Verlobung zur Goldenen Hochzeit
(**0393**-5) Von E. Runge, 112 S., kartoniert. ●

Hochzeits- und Bierzeitungen
Muster, Tips und Anregungen.
(**0288**-2) Von H.-J. Winkler, mit vielen Text- und Gestaltungsanregungen, 116 S., 15 Abb., 1 Musterzeitung, kartoniert. ●

Die Silberhochzeit
Vorbereitung · Einladung · Geschenkvorschläge · Dekoration · Festablauf · Menüs · Reden · Glückwünsche. (**0542**-3) Von K. F. Merkle, 112 S., 41 Zeichnungen, kart. ●

Wie soll es heißen?
(**0211**-4) Von D. Köhr, 136 S., kartoniert. ●

Unsere beliebtesten Vornamen
(**1023**-0) Von A. F. W. Weigel, 160 S., 75 s/w-Fotos, Pappband. ●●

Kindergedichte, Lieder und Sketche für Hochzeitsfeiern
(**1112**-1) Von B. Lins, 72 S., 26 farbige Abbildungen, 15 Lieder, kartoniert. ●

Kindergedichte für Familienfeste
(**0860**-0) Von B. H. Bull, 96 S., 20 Zeichnungen, kartoniert. ●

Kindergedichte rund ums Jahr
(**1040**-0) Von A. Schweiggert, 80 S., 49 Zeichnungen, 6 Vignetten, kartoniert. ●

Ins Gästebuch geschrieben
(**0576**-8) Von K. H. Trabeck, 96 S., 24 Zeichnungen, kartoniert. ●

Der Verseschmied
Kleiner Leitfaden für Hobbydichter.
(**0597**-0) Von T. Parisius, 96 S., 28 Zeichnungen, kartoniert. ●

Die schönsten Volkslieder
(**0432**-X) Hrsg. D. Walther, 128 S., mit Noten und Zeichnungen, kartoniert. ●

Alte und neue
Wanderlieder
(**1268**-3) Von P. G. Walter, 96 S., zweifarbig, kart. ●●

Neue Glückwunschfibel
für groß und klein.
(**0156**-8) Von R. Christian-Hildebrandt, 96 S., 13 Vignetten, kartoniert. ●

Großes Buch der Glückwünsche
(**0255**-6) Hrsg. von O. Fuhrmann, 176 S., 77 Zeichnungen und viele Gestaltungsvorschläge, kartoniert. ●●

Wetter und Wind ändern sich geschwind
Beliebte Bauernregeln
(**1267**-5) Von G. Haddenbach, ca. 80 S., ca. 30 zweifarbige Illustrationen, kart. ●

Verse fürs Poesiealbum
(**0241**-6) Von I. Wolter, 96 S., 20 Abb., kart. ●

Heiter und besinnliche
Verse fürs Poesiealbum
(**1069**-9) Von B. H. Bull, 160 S., 70 zweifarbige Illustrationen, Pappband. ●●

Die Kunst der freien Rede
Ein Intensivkurs mit vielen Übungen, Beispielen und Lösungen.
(**4189**-6) Von G. Hirsch, 232 S., 11 Zeichnungen, Pappband. ●●●

Trinksprüche, Gästebuchverse, Richtsprüche
(**0224**-6) Von D. Kellermann, 96 S., kartoniert. ●

Glückwünsche, Toasts und Festreden zur Hochzeit
(**0264**-5) Von I. Wolter, 112 S., 18 Zeichnungen, kartoniert. ●

Trinksprüche und Festreden
(**1321**-3) Von L. Metzner, 144 S., 13 zweifarbige Zeichnungen, Pappband. ●●

Moderne Reden und Ansprachen
(**4742**-8) Von M. Adam, ca. 464 S., Pappband. ●●●●

Reden zu Familienfesten
Musteransprachen für viele Gelegenheiten
(**0675**-6) Von G. Georg, 112 S., kartoniert. ●

Reden im Verein
Musteransprachen für viele Gelegenheiten
(**0703**-5) Von G. Georg, 112 S., kartoniert. ●

Reden zum Jubiläum
Musteransprachen für viele Gelegenheiten
(**0595**-4) Von G. Georg, 112 S., kartoniert. ●

Reden und Sprüche zu Grundsteinlegung, Richtfest und Einzug
(**0598**-0) Von A. Bruder, G. Georg, 96 S., kartoniert. ●

Die überzeugende Rede
Mehr Erfolg durch bessere Rhetorik
(**0076**-6) Von K. Wolter, G. Kunz, 96 S., kartoniert. ●

Moderne Korrespondenz
Handbuch für erfolgreiche Briefe
(**4014**-8) Von H. Kirst und W. Manekeller, 544 S., Pappband. ●●●●

Musterbriefe
für alle Gelegenheiten.
(**0231**-9) Hrsg. von O. Fuhrmann, 240 S., kartoniert. ●●

Geschäftsbriefe
zeitgemäß und stilsicher
(**1323**-X) Von G. Briese-Neumann, 152 S., kart. ●●

FALKEN-Software
Musterkorrespondenz in Deutsch, Englisch, Französisch, Italienisch, Spanisch
(**7041**-1) Diskette 5 1/4" für IBM-PC + Kompatible, mit Begleitbroschüre. ●●●●●*
(**7051**-9) Diskette 3 1/2" für IBM-PC + Kompatible, mit Begleitbroschüre. ●●●●●*

Privatbriefe
Muster für alle Gelegenheiten.
(**0114**-2) Von I. Wolter-Rosendorf, 112 S., kart. ●

Erfolgstips für den Schriftverkehr
Briefgestaltung · Rechtschreibung · Zeichensetzung · Stil. (**0678**-0) Von U. Schoenwald, 112 S., kart. ●

Behördenkorrespondenz
Musterbriefe · Anträge · Einsprüche
(**0412**-5) Von E. Ruge, 112 S., kart. ●

Worte und Briefe der Anteilnahme
(**0464**-8) Von E. Ruge, 96 S., mit vielen Abb., kart. ●

Briefe zu Geburt und Taufe
Glückwünsche und Danksagungen. (**0802**-3) Von H. Beitz, 96 S., 12 Zeichnungen, kart. ●

FALKEN Rechtsberater
Fallbeispiele · Musterbriefe · Gerichtsurteile
(**4734**-7) Hrsg. S. von Hasseln, ca. 704 S., Pappband. ●●●●

Erziehungsgeld, Mutterschutz, Erziehungsurlaub
Das neue Recht für Eltern
(**0835**-X) Von J. Grönert, 144 S., kart. ●●

Liebe ja – Ehe nein
Die nichteheliche Lebensgemeinschaft
(**1071**-0) Von T. Drewes, 104 S., 8 s/w-Zeichnungen, kartoniert. ●●

Scheidung und Unterhalt
nach dem neuen Eherecht.
(**0403**-6) Von T. Drewes, 112 S., mit Kosten und Unterhaltstabellen, kart. ●

Alles, was man über Scheidung und Unterhalt wissen muß
(**1264**-0) Von T. Drewes, 128 S., kart. ●●

Alles, was man über Renten wissen muß
Mit Rentenreformgesetz 1992
(**1265**-9) Von K. Möcks, A. Schmitt, 112 S., kart. ●●

Wolfgang Büsers Erfolgstips
Rentenreform '92
(**1244**-6) Von W. Büser, 80 S., kart. ●

Wolfgang Büsers Erfolgstips
Teilzeitarbeit
(**1266**-7) Von W. Büser, 80 S., kart. ●●

Wolfgang Büsers Erfolgstips
(Lohn-) Einkommensteuer '92
Aktuell: Zinssteuer '93
(**1324**-8) Von W. Büser, ca. 128 S., kart. ●●

Testament und Erbschaft
Erbfolge, Rechte und Pflichten der Erben, Erbschafts- und Schenkungssteuer, Mustertestamente. (**4139**-X) Von T. Drewes, R. Hollender, 304 S., Pappband. ●●●

Der letzte Wille
Ratgeber für Erblasser, Erben und Hinterbliebene in Rechts-, Versorgungs- und Steuerfragen (**0939**-9) Von T. Drewes, 136 S., 9 s/w-Zeichnungen, kart. ●●

Mietrecht
Leitfaden für Mieter und Vermieter
(**0479**-6) Von J. Beuthner, 196 S., kart. ●●

Haushaltstips
praktisch und umweltfreundlich
(**1046**-X) Von K. Winkell, 96 S., 36 Zeichnungen, kartoniert. ●

Haushaltstips von A–Z
(**0759**-0) Von A. Eder, 80 S., 30 Zeichnungen, kartoniert. ●

Wege zum Börsenerfolg
Aktien · Anleihen · Optionen
(**4275**-2) Von H. Krause, 252 S., 4 s/w-Fotos, 86 Zeichnungen, Pappband. ●●●●

FALKEN-Software
Börsenfieber
Spielend spekulieren mit Geld und Aktien
(**7016**-0) IBM-PC und Kompatible, Diskette 5 1/4", mit Begleitheft, ●●●●●*
(**7026**-8) für C 64/C 128 PC, mit Begleitheft
(**7027**-6) für Atari ST 520/1040, mit Begleitheft
(**7028**-4) für Amiga, mit Begleitheft
(**7044**-6) für IBM-PC + Kompatible, Diskette 3 1/2", mit Begleitheft.

FALKEN Software
Broker King
Cash und crash an der Terminbörse. Mit Warentermingeschäft und Optionshandel
(**7057**-8) Diskette 5 1/4" für IBM-PC + Kompatible, mit Begleitbroschüre. ●●●●●*
(**7058**-6) Diskette 3 1/2" für IBM-PC + Kompatible, mit Begleitbroschüre. ●●●●●*

Richtige Groß- und Kleinschreibung·
durch neue, vereinfachte Regeln. Erläuterungen der Zweifelsfragen anhand vieler Beispiele.
(**0897**-X) Von Prof. Dr. Ch. Stetter, 96 S., kart. ●

Gutes Deutsch schreiben und sprechen
(**4432**-1) Von W. Manekeller, Dr. G. Reinert-Schneider, 416 S., durchgehend zweifarbig, Pappband. ●●●●

Mehr Erfolg in der Schule
Deutsche Rechtschreibung und Grammatik
Übungen und Beispiele für die Klassen 5–10.
(**4407**-0) Von K. Schreiner, 256 S., durchgehend zweifarbig, Pappband. ●●●●

Besseres Deutsch
Mit Übungen und Beispielen für Rechtschreibung, Diktate, Zeichensetzung, Aufsätze, Grammatik, Literaturbetrachtung, Stil, Briefe, Fremdwörter, Reden.
(**4115**-2) Von K. Schreiner, 444 S., 7 s/w-Fotos, 27 Zeichnungen, Pappband. ●●●

Diktate besser schreiben
Übungen zur Rechtschreibung für die Klassen 4 bis 8
(**0469**-9) Von K. Schreiner, 152 S., 31 Zeichnungen, kartoniert. ●●

Deutsche Grammatik
Ein Lern- und Übungsbuch
(**0704**-3) Von K. Schreiner, 122 S., kart. ●●

Aufsätze besser schreiben
Förderkurs für die Klassen 4–10
(**0429**-X) Von K. Schreiner, 144 S., 31 Abb., kartoniert. ●●

Mehr Erfolg in der Schule
Der Deutschaufsatz
Übungen und Beispiele für die Klassen 5–10.
(**4271**-X) Von K. Schreiner, 240 S., 4 s/w-Fotos, 51 Zeichnungen, Pappband. ●●●●

Mehr Erfolg in der Schule
Deutsch
Textinterpretation, Literaturgeschichte und Stilkunde
(**4483**-6) Von K. Schreiner, 272 S., 43 zweifarbige Zeichnungen, Pappband. ●●●●

Geschichte
Von der Französischen Revolution bis zur Gegenwart
(**4723**-1) Von K. Schreiner, 256 S., 50 s/w-Fotos, 10 Farbzeichnungen, 6 zweifarbige Landkarten, Pappband. ●●●●

Geographie
Natürliche Grundlagen · Gestaltung der Umwelt · Die Staaten der Erde
(**4724**-X) Von V. Disch, ca. 256 S., ca. 40 Karten und Grafiken, Pappband. ●●●●

Mehr Erfolg in der Schule
Mathematik 1
Arithmetik und Algebra. Übungen, Beispiele und Lösungen für die Klassen 5 bis 10.
(**4420**-8) Von R. Müller-Fonfara, 256 S., 193 Zeichn., 2 s/w-Fotos, Pappband. ●●●●

Mehr Erfolg in der Schule
Mathematik 2
Geometrie, Statistik, Wahrscheinlichkeitsrechnung und kaufmännisches Rechnen
(**4456**-9) Von R. Müller-Fonfara, W. Scholl, 256 S., 6 s/w-Fotos, 304 Zeichnungen, Pappband. ●●●●

Mathematische Formeln für Schule und Beruf
Mit Beispielen und Erklärungen.
(**0499**-0) Von R. Müller-Fonfara, 156 S., 210 Zeichnungen, kart. ●

Schülerlexikon der Mathematik
Formeln, Übungen und Begriffserklärungen für die Klassen 5–10
(**0430**-3) Von R. Müller-Fonfara, 176 S., 96 Zeichnungen, kart. ●

Mehr Erfolg in der Schule
Mathematik 4
Für die Klassen 11 bis 13
(**4701**-0) Von R. Müller-Fonfara, W. Scholl, ca. 240 S., durchgehend zweifarbig, ca. 110 Zeichnungen, Pappband. ●●●●

Mathematik-Textaufgaben leicht gelöst
Aufgaben · Lösungsstrategien · Anwendungsbeispiele
(**1022**-2) Von R. Müller-Fonfara, 128 S., 4 Zeichnungen, kartoniert. ●●

Rechnen aufgefrischt für Schule und Beruf.
(**0100**-2) Von H. Rausch, 144 S., kart. ●

FALKEN Software
Wirtschaftsrechnen in Beruf und Alltag
(**7037**-3) Diskette für IBM-PC und Kompatible, mit Begleitheft. ●●●●●*

Mehr Erfolg in der Schule
Physik
Mechanik · Wärmelehre · Optik · Elektrizität · Atomphysik
(**4448**-8) Von Dr. T. Neubert. 240 S., 219 Zeichnungen, Pappband. ●●●●

Physik verständlich
Förderkurs für die Klassen 7 bis 10
(**0926**-7) Von Dr. Th. Neubert, 136 S., 146 s/w-Zeichn., 166 Aufgaben, kart. ●●

Besseres Englisch
Grammatik und Übungen für die Klassen 5 bis 10.
(**0745**-0) Von E. Henrichs, 144 S., kart. ●●

Mehr Erfolg in der Schule
Englische Grammatik
Regeln und Übungen für die Klassen 5 bis 13
(**4431**-3) Von E. Henrichs-Kleinen, 256 S., durchgehend zweifarbig, Pappband. ●●●●

FALKEN Software
Business English for Secretaries
Lernen und üben in berufsbezogenen Situationen (**7035**-7) Diskette 5 1/4" für IBM-PC + Kompatible, mit Begleitbroschüre. ●●●●●*
(**7059**-4) Diskette 3 1/2" für IBM-PC + Kompatible, mit Begleitbroschüre. ●●●●●*

FALKEN Software
The Grammar-Master
Englische Grammatik üben und beherrschen
(**7002**-0) Diskette für den C 64/C 128 PC ●●●●*
(**7030**-6) Diskette für IBM-PC + Kompatible, mit Begleitheft. ●●●●●*
(**7031**-4) Diskette für Atari ST 520/1040, mit Begleitheft. ●●●●●*
(**7032**-2) Diskette für Amiga, mit Begleitheft. ●●●●●*

FALKEN-Software
Vokabeltrainer Englisch
Von B. Hoppius. (**7001**-2) 2 Disketten für C 64/C 128 PC mit Begleitheft. ●●●●●*
(**7007**-1) Wendediskette für Atari ST 520/1040, mit Begleitheft. ●●●●●*
(**7034**-9) Diskette 5 1/4" für IBM-PC + Kompatible, mit Begleitheft. ●●●●●*
(**7084**-5) Diskette 3 1/2" für IBM-PC + Kompatible, mit Begleitheft. ●●●●●*

FALKEN-Software
Vokabeltrainer Französisch
Über 2000 Vokabeln und Redewendungen frei erweiterbar
(**7018**-7) Systemdiskette u. Wendediskette für C 64/C 128 PC, mit Begleitheft (**7019**-5) Diskette 5 1/4" für IBM-PC und Komp., mit Begleitheft. ●●●●●*

FALKEN-Software
Je finis, tu finis...
maitrisez la grammaire française
Französische Grammatik lernen und beherrschen
(**7053**-5) Diskette 5 1/4" für IBM-PC + Kompatible, mit Begleitbroschüre. ●●●●●*
(**7069**-1) Diskette 3 1/2" für IBM-PC + Kompatible, mit Begleitbroschüre. ●●●●●*

FALKEN-Software
Le monde des affaires en français
Wirtschaftsfranzösisch leicht gelernt
(**7054**-3) Diskette 5 1/4" für IBM-PC + Kompatible, mit Begleitbroschüre. ●●●●●*
(**7068**-3) Diskette 3 1/2" für IBM-PC + Kompatible, mit Begleitbroschüre. ●●●●●*

Besseres Französisch
Grammatik und Übungen für die Klassen 9 bis 11
(**1039**-7) Von R. Lübke, 114 S., durchgehend zweifarbig, kartoniert. ●●

Mehr Erfolg in der Schule
Französische Grammatik
Für die Klassen 7 bis 13
(**4703**-7) Von R. Lübke, ca. 256 S., durchgehend zweifarbig, Pappband. ●●●●

FALKEN-Software
Vokabeltrainer Italienisch
Über 2000 Vokabeln und Redewendungen frei erweiterbar.
(**7065**-9) Diskette 5 1/4" für IBM-PC + Kompatible, mit Begleitbroschüre. ●●●●●*
(**7064**-0) Diskette 3 1/2" für IBM-PC + Kompatible, mit Begleitbroschüre. ●●●●●*

FALKEN-Software
Vokabeltrainer Latein
Über 2000 Vokabeln und Redewendungen frei erweiterbar
(**7022**-5) Von B. Hoppius, Wendediskette für C 64/C 128 PC, mit Begleitheft. ●●●●●*
(**7033**-0) Diskette 5 1/4" für IBM-PC + Kompatible, mit Begleitheft. ●●●●●*
(**7085**-3) Diskette 3 1/2" für IBM-PC + Kompatible, mit Begleitheft. ●●●●●*

Schnell und sicher zum Führerschein
Tips und Tricks aus 30jähriger-Fahrschul-Praxis.
(**0921**-6) Von O. Einert, 152 S., 156 Farbfotos, 161 z.T. farb. Zeichnungen, kart. ●●

FALKEN-Software
Schnell und sicher zum Führerschein
Intensivtraining mit dem amtlichen Fragenkatalog
(**7024**-1) Diskette für ATARI ST 250/1040, mit Begleitheft ●●●●●*

Der Test-Knacker bei Führerscheinverlust
(**1262**-4) Von T. Rieh, 128 S., kart. ●●

Erfolgreiche Bewerbung um einen Ausbildungsplatz
(**0715**-9) Von H. Friedrich, 128 S., kart. ●

Bewerbungsstrategien
Erfolgreiche Konzepte für Karrierebewußte
(**1027**-3) Von Dr. W. Reichel, 128 S., kartoniert. ●●

Karriereplanung mit System
Bewerbungsstrategien für Frauen
(**4455**-0) Von R. Ibelgaufts, 144 S., 20 Cartoons, Pappband. ●●

Die Bewerbung
Der moderne Ratgeber für Bewerbungsbriefe, Lebenslauf und Vorstellungsgespräche. (**4138**-1) Von W. Manekeller, 264 S., Pappband. ●●●

Die erfolgreiche Bewerbung
Bewerbung und Vorstellung
(**0173**-8) Von W. Manekeller, U. Schoenwald, 144 S., kartoniert. ●●

Lebenslauf und Bewerbung
Beispiele für Inhalt, Form und Aufbau
(**0428**-1) Von H. Friedrich, 112 S., kart. ●

Erfolgreiche Bewerbungsbriefe und Bewerbungsformen
(**0138**-X) Von W. Manekeller, U. Schoenwald, 88 S., kart. ●

Das überzeugende
Vorstellungsgespräch
Erfolgreiche Strategien für den ersten Eindruck
(**1261**-6) Von R. Ibelgaufts, 144 S., kart. ●●

Vorstellungsgespräche
sicher und erfolgreich führen.
(**0636**-5) Von H. Friedrich, 144 S., kart. ●

Einstellungstests und andere Methoden der Bewerberauswahl
(**1263**-2) Von Dr. R. Hilke, H. Hustedt, 160 S., 27 Zeichnungen, kart. ●●

Keine Angst vor Einstellungstests
Ein Ratgeber für Bewerber.
(**0793**-6) Von Ch. Titze, 120 S., 67 Zeichnungen, kart. ●

freundin
Kind und Beruf: (K)ein Problem
(**1322**-1) Von I. Weber, 168 S., 14 Zeichnungen, kart. ●●

freundin Ratgeber
Neu um Job: So überzeugen Sie
(**1259**-4) Von G. Teusen, 160 S., kart. ●●

Die ersten Tage am neuen Arbeitsplatz
Ratschläge für den richtigen Umgang mit Kollegen und Vorgesetzten
(**0855**-4) Von H. Friedrich, 104 S., kart. ●

Zeugnisse im Beruf
richtig schreiben, richtig verstehen
(**0544**-X) Von H. Friedrich, 112 S., kart. ●

So lernt man leicht und schnell
Maschinenschreiben
Lehrbuch für Schulen, Lehrgänge und Selbstunterricht. (**0568**-7) Von M. Kempkes, 112 S., 48 Zeichnungen, kart. ●●

FALKEN-Software
Maschinenschreiben und Tastaturtraining für Computer
(**7009**-8) Von B. Hoppius, Diskette 5 1/4″ u. 3 1/2″ für IBM-PC + Kompatible, mit Begleitheft. ●●●●●*

Buchführung leicht gemacht
Ein methodischer Grundkurs für den Selbstunterricht (**4238**-8) Von D. Machenheimer, R. Kersten, 252 S., Pappband. ●●●●

Buchführung leicht gefaßt
Für Handwerker, Gewerbetreibende und freiberuflich Tätige. (**0127**-4) Von R. Pohl, 104 S., kart. ●

Stenografie leicht gelernt
im Kurus oder Selbstunterricht
(**0266**-1) Von H. Kaus, 64 S., kart. ●

Gitarre spielen
Ein Grundkurs für den Selbstunterricht
(**0534**-2) Von A. Roßmann, 96 S., 1 Schallfolie, 150 Zeichnungen, kart. ●●●

Faszinierendes Erlebnis
Tierwelt
(**4706**-1) Von U. und W. Dolder, 196 S., 314 Farbzeichnungen, Pappband. ●●●●

Das große Buch der
Antworten auf Kinderfragen
(**4477**-1) Von H. Hofmann, U. Kopp, G. Jankovics u.a., 192 S., 308 Farbzeichnungen, Pappband. ●●●

Das neue, farbige
Jugendlexikon
(**4472**-0) Von J. Frey, D. Rex, 304 Seiten, 269 Farb- u. 52 s/w-Fotos, 6 Farbzeichn., Pappband. ●●●●

Das große farbige Kinderlexikon
(**4195**-0) Von U. Kopp, 320 S., 493 Farbabb., 17 s/w-Fotos, Pappband. ●●●

Briefmarken sammeln
(**0481**-8) Von D. Stein, 120 S., 4 Farbtafeln, 98 s/w-Abbildungen, kartoniert. ●

Umweltexperimente für Kinder und Jugendliche
(**4708**-8) Von F. Jantzen, ca. 80 S., ca. 100 farbige Fotos und Zeichnungen, Pappband. ●●●

Telefonkarten sammeln
Serien · Preise · Sammeltips
(**1326**-4) Von M. Burzan, 128 S., 251 Farbfotos, kart. ●●

Münzen
Ein Brevier für Sammler.
(**0353**-6) Von E. Dehnke, 128 S., 4 Farbtafeln, 17 s/w-Abb., kart. ●●

Die Handschrift als Spiegel des Charakters
Graphologie
(**1025**-7) Von Dr. W. Busch, 104 S., 87 Schriftproben, kartoniert. ●

Familienforschung · Ahnentafel · Wappenkunde
Wege zur eigenen Familienchronik
(**0744**-2) Von P. Bahn, 128 S., 8 Farbtafeln, 30 Abbildungen, kart. ●●

Familienforschung und Wappenkunde
(**4485**-2) Von P. Bahn, 224 S., 114 zweifarbige Abbildungen, Pappband. ●●●●●

freundin Ratgeber
Allein auf Achse
(**1260**-8) Von H. Guilino, 176 S., kart. ●●

Brain Building
Das Supertraining für Gedächtnis, Logik, Kreativität
(**4704**-5) Von M. vos Savant, 256 S., Pappband. ●●●

Traumdeutung
Die Bildersprache unserer Traumwelt entschlüsseln
(**4486**-0) Von G. Fink, 384 S., 74 zweifarbige Fotos, Pappband. ●●●●

Wahrsagen
mit den Karten der Madame Lenormand
(**1328**-0) Von B. A. Mertz, 108 S., 39 s/w-Abbildungen, kart. ●●

Wahrsagen mit Tarot-Karten
(**0482**-6) Von E. J. Nigg, 112 S., 52 s/w-Abb., Pappband. ●

Die 12 Tierzeichen
Chinesisches Horoskop
(**0423**-0) Von G. Haddenbach, 88 S., kartoniert. ●

Partnerschaftshoroskop
Glück und Harmonie mit Ihrem Traumpartner.
(**0587**-3) Von G. Haddenbach, 112 S., 11 Zeichnungen, kart. ●

Im Zeichen der Sterne
(**0951**-8) Der feurige Widder
(**0952**-6) Der willensstarke Stier
(**0953**-4) Die vielseitigen Zwillinge
(**0954**-2) Der feinfühlige Krebs
(**0955**-0) Der königliche Löwe
(**0956**-9) Die zuverlässige Jungfrau
(**0957**-7) Die charmante Waage
(**0958**-5) Der leidenschaftliche Skorpion
(**0959**-3) Der temperamentvolle Schütze
(**0960**-7) Der treue Steinbock
(**0961**-5) Der selbstbewußte Wassermann
(**0962**-3) Die romantischen Fische
Von G. Haddenbach, 64 S., 35 Farbfotos, Pappband. ●

Spiele und Denksport

Spielbare Witze für Kinder
(**0824**-4) Von H. Schmalenbach, 112 S., 30 Zeichnungen, kart. ●

Neue spielbare Witze für Kinder
(**1173**-3) Von H. Schmalenbach, 96 S., 31 Zeichnungen, kart. ●

Scherzfragen, Drudel und Blödeleien
gesammelt von Kindern.
(**0506**-7) Hrsg. von W. Pröve, 80 S., 57 Zeichnungen, kart. ●

Kinderspiele
die Spaß machen
(**2009**-0) Von H. Müller-Stein, 104 S., 28 Abbildungen, kart. ●

Kinderspiele mit Buchstaben und Wörtern
(**1041**-9) Von Dr. U. Vohland, 96 S., 54 Zeichnungen, kartoniert. ●

Spiel und Spaß am Krankenbett
für Kinder und die ganze Familie
(**2035**-X) Von H. Bücken, 96 S., 97 Zeichnungen, kart. ●

Spiele im Freien
(**2038**-4) Von G. Wagner, 88 S., 20 zweif. Zeichnungen, kartoniert. ●

Spiel und Spaß zu Hause
(**2039**-2) Von U. Geißler, 80 S., 90 zweifarbige Abbildungen, kart. ●

Spiel und Spaß auf Reisen
Für Kinder und die ganze Familie
(**1085**-0) Von U. Geißler, 80 S., 107 zweifarbige Zeichnungen, kart. ●

Kleine Spiele ganz groß
(**1330**-2) Von U. Vohland, 80 S., 93 s/w-Zeichnungen, kart. ●

Guten Tag, Kinder!
Neue Texte mit Spielanleitungen fürs Kasperletheater.
(**0861**-9) Von U. Lietz, 96 S., 18 s/w-Zeichnungen, kart. ●

Kasperletheater
Spieltexte und Spielanleitungen · Basteltips für Theater und Puppen.
(**0641**-1) Von U. Lietz, 114 S., 4 Farbtafeln, 12 s/w-Fotos, 39 Zeichnungen, kart. ●

Kindergeburtstage, die keiner vergißt
Planung, Gestaltung, Spielvorschläge.
(**0698**-5) Von G. und G. Zimmermann, 104 S., 80 Vignetten, kart. ●

Kindergeburtstag
Vorbereitung, Spiel und Spaß.
(**0287**-4) Von Dr. I. Obrig, 136 S., 40 Abb., 11 Zeichnungen, 9 Lieder mit Noten, kart. ●●

Unvergeßliche Kindergeburtstage
(**4705**-3) Von G. Hennekemper, 176 S., 116 Farbfotos, 134 Farbzeichnungen, Pappband. ●●●

Unvergeßliche Kinderfeste
Tolle Dekorationen, Spiele, Sketche für drinnen und draußen
(**4457**-7) Von Dr. G. Hennekemper, 192 S., 111 Farbfotos, 214 Farb- und 14 s/w-Zeichnungen, 4 Seiten Schnittmuster, Pappband. ●●●

Lauter tolle Sachen, die Kinder gerne machen
(**4731**-2) Hrsg. U. Barff., ca. 352 S., zahlreiche Farbabbildungen, Pappband. ●●●

Neues Buch der siebzehn und vier Kartenspiele
(**0095**-2) Von K. Lichtwitz, 96 S., kart. ●

Alles über Pokern
Regeln und Tricks.
(**2024**-4) Von C. D. Grupp, 112 S., 29 Kartenbilder, kart. ●

Rommé und Canasta
in allen Variationen.
(**2025**-2) Von C. D. Grupp, 88 S., 24 Zeichnungen, kart. ●

Doppelkopf, Schafkopf, Binokel, Cego, Tarock und andere Stammtischspiele.
(**2015**-5) Von C. D. Grupp, 112 S., kart. ●

Black Jack
Regeln und Strategien des Kasinospiels.
(**2032**-3) Von K. Kelbratowski, 88 S., kart. ●

Spielend Skat lernen
unter freundlicher Mitarbeit des Deutschen Skatverbandes
(**2005**-8) Von Th. Krüger, 120 S., 181 s/w-Fotos, 22 Zeichn., kart. ●●

Patiencen
in Wort und Bild. (**2003**-1) Von I. Wolter-Rosendorf, 120 S., kart. ●

Neue Patiencen
(**2036**-8) Von H. Sosna, 160 S., 43 Farbtafeln, kart. ●●

Spielend Bridge lernen
(**2012**-0) Von J. Weiss, 96 S., 58 Zeichnungen, kart. ●

Spieltechnik im Bridge
(**2004**-X) Von V. Mollo und N. Gardener, deutsche Adaption von D. Schröder, 152 S., kart. ●●●

Neue Kartentricks
(**2027**-9) Von K. Pankow, 104 S., 20 Abb., kart. ●

Das japanische Brettspiel Go
(**2020**-1) Von W. Dörholt, 104 S., 182 Diagramme, kart. ●

Mah-Jongg
Das chinesische Glücks-, Kombinations- und Gesellschaftsspiel. (**2030**-9) Von U. Eschenbach, 80 S., 30 s/w-Fotos, 5 Zeichn., kart. ●

Backgammon
für Anfänger und Könner. (**2008**-2) Von G. W. Fink und G. Fuchs, 104 S., 41 Abb., kart. ●

Einführung in das Schachspiel
(**0104**-5) Von W. Wollenschläger und K. Colditz, 112 S., 116 Diagramme, kart. ●

Schach, das königliche Spiel
Von den Grundzügen zum strategischen Spiel.
(**1105**-9) Von T. Schuster, 192 S., 302 Diagramme, kart. ●●

Spielend Schach lernen
(**2002**-3) Von T. Schuster, 96 S., , kartoniert. ●

Kinder- und Jugendschach
Offizielles Lehrbuch des Deutschen Schachbundes zur Erringung der Bauern-, Turm- und Königsdiplome.
(**0561**-X) Von B. J. Withuis, H. Pfleger, 144 S., 220 Zeichnungen und Diagramme, kart. ●●

Zug um Zug
Schach für jedermann 1
Offizielles Lehrbuch des Deutschen Schachbundes zur Erringung des Bauerndiploms.
(**0648**-9) Von H. Pfleger, E. Kurz, 80 S., 24 s/w-Fotos, 8 Zeichn., 60 Diagramme, kart. ●

Zug um Zug
Schach für jedermann 2
Offizielles Lehrbuch des Deutschen Schachbundes zur Erringung des Turmdiploms.
(**0659**-4) Von H. Pfleger, E. Kurz, 128 S., 7 s/w-Fotos, 13 Zeichnungen, 78 Diagramme, kart. ●

Zug um Zug
Schach für jedermann 3
Offizielles Lehrbuch des Deutschen Schachbundes zur Erringung des Königsdiploms.
(**0728**-0) Von H. Pfleger, G. Treppner, 128 S., 4 s/w-Fotos, 84 Diagramme, 10 Zeichnungen, kart. ●

Schach für Fortgeschrittene
Taktik und Probleme des Schachspiels
(**0219**-X) Von R. Teschner, 88 S., 85 Diagramme, kart. ●

Neue Schacheröffnungen
(**0478**-8) Von T. Schuster, 104 S., 100 Diagramme, kart. ●

Würfelspiele
für jung und alt. (**2007**-4) Von F. Pruss, 112 S., 21 s/w-Zeichnungen, kart. ●

Roulette richtig gespielt
Systemspiele, die Vermögen brachten.
(**0121**-5) Von M. Jung, 96 S., zahlreiche Tabellen, kart. ●

Spiele für Party und Familie
(**2014**-7) Von Rudi Carrell, 80 S., 22 Zeichnungen, kart. ●

Neue Spiele für Ihre Party
(**2022**-8) Von G. Blechner, 120 S., 54 Zeichnungen, kartoniert. ●

Lustige Tanzspiele und Scherztänze
für Partys und Feste.
(**0165**-7) Von E. Bäulke, 80 S., 53 Abb., kart. ●

Das Spiel mit der Schwerkraft
Jonglieren
Mit Bällen, Keulen, Ringen und Diabolo.
(**1009**-5) Von S. Peter, 80 S., 149 Farbfotos, kartoniert. ●

Zaubern
einfach – aber verblüffend.
(**2018**-X) Von D. Bouch, 84 S., 41 Zeichnungen, kart. ●

Tips, Tricks und Gewinnstrategien für Game-Boy-Spiele
(**1235**-7) Von René Zey, 176 S., 100 Zeichnungen, kart. ●●

Neue Game-Boy-Spiele
Sport, Action und Adventure
(**1325**-6) Von R. Zey, 176 S., 21 s/w-Zeichnungen, kart. ●●

Alles über Super-Nintendo-Spiele
Technik, Tips und Facts
(**1340**-X) Von D. Mark, 104 S., zahlreiche Farbabbildungen, kart. ●●

Das neue Glücksrad Rätselbuch
(**1329**-9) 176 S., kart. ●●

Rätselspiele
Quiz- und Scherzfragen für gesellige Stunden
(**1270**-5) Von K. H. Schneider, ca. 80 S., ca. 80 s/w-Abb., kart. ●

Knobeleien und Denksport
(**2019**-8) Von K. Rechberger, 142 S., 105 Zeichnungen, kart. ●

So feiert man Feste fröhlicher
Heitere Vorträge und Gedichte
(**0098**-7) Von Dr. Allos, 96 S., 15 Abb., kart. ●

Die große Lachparade
Neue Texte für heitere Vorträge und Ansagen
(**0188**-6) Von E. Müller, 80 S., kart. ●

Da lacht das Publikum
Neue lustige Vorträge für viele Gelegenheiten.
(**0716**-7) Von H. Schmalenbach, 96 S., kart. ●

Die besten Witze und Cartoons des Jahres 10
(**1206**-3) Zusammengestellt von S. Kieslich, 288 S., zahlreiche Abb., Pappband. ●●

Computerbücher und Software

Das neue FALKEN
Computerlexikon
(**4356**-2) Von Dr. B. Kopp, 336 S., 121 s/w-Fotos, 184 Computergrafiken, Pappband. ●●●●

freundin
Das Computerbuch für Frauen
(**4372**-4) Von M. Thiel, 176 S., 102 Farbfotos, 73 Zeichnungen, Pappband. ●●●●

Desktop Publishing: Typografie und Layout Seiten gestalten am PC · für Einsteiger und Profis (**4330**-9) Von Dr. H. D. Baumann, M. Klein, 320 S., zahlreiche zweifarbige Abb., Pappband. ●●●●●

Einführung in C
(**4336**-8) Von A. Janka, P. Welzig, 270 S., zahlreiche Abbildungen, mit Begleitdiskette 5 1/4", Pappband. ●●●●●

PC HELP!
Systemkonfiguration für Windows-PCs
(**4371**-6) Von A. Görgens, ca. 96 S., durchgehend zweifarbig, kart. ●●

PC HELP!
Wissenschaftliche Texte mit Word 5.5
(**4360**-0) Von P. Vogel, ca. 96 S., durchgehend zweifarbig, kart. ●●

PC HELP!
Praktische Computerbenutzung mit Works 2.0
(**4369**-4) Von A. Görgens, ca. 96 S., durchgehend zweifarbig, kart. ●●

PC HELP!
DFÜ mit dem PC
(**4370**-8) Von M. Hofmann, ca. 96 S., durchgehend zweifarbig, kart. ●●

PC HELP!
Zeichnen mit dem PC
(**4361**-9) Von M. Hofmann, ca. 96 S., durchgehend zweifarbig, kart. ●●

PC HELP!
Präsentation mit dem PC
(**4368**-6) Von M. Hofmann, ca. 96 S., durchgehend zweifarbig, kart. ●●

PC HELP!
CONFIG. SYS. und AUTOEXEC. BAT
Optimale Systemkonfiguration
(**4338**-4) Von A. Görgens, 64 S., ca. 50 s/w-Abbildungen und Grafiken, kart. ●●

PC HELP!
DOS-Kommandos richtig nutzen
(**4339**-2) Von A. Görgens, 64 S., ca. 50 s/w-Abbildungen und Grafiken, kart. ●●

PC HELP!
Dateien retten mit Norton Utilities und PC-Tools
(**4340**-6) Von A. Görgens, 64 S., ca. 50 s/w-Abbildungen und Grafiken, kart. ●●

PC HELP!
Batch-Dateien – DOS-Abläufe selber festlegen
(**4341**-4) Von A. Görgens, 64 S., ca. 50 s/w-Abbildungen und Grafiken, kart. ●●

PC HELP!
Word – Serienbiefe
(**4342**-2) Von P. Vogel, 64 S., ca. 50 s/w-Abbildungen und Grafiken, kart. ●●

PC HELP!
Geschäftsgrafiken mit Lotus 1-2-3
(**4343**-0) Von P. Vogel, 64 S., ca. 50 s/w-Abbildungen und Grafiken, kart. ●●

PC HELP!
Die ersten Schritte mit dem PC
(**4344**-9) Von P. Vogel, H. Ebsen, 64 S., ca. 50 s/w-Abbildungen und Grafiken, kart. ●●

PC HELP!
Mehr Speicher unter DOS nutzen
(**4345**-7) Von K. O. Kuhl, 64 S., ca. 50 s/w-Abbildungen und Grafiken, kart. ●●

PC HELP!
Viren erkennen und beseitigen
(**4346**-5) Von M. Hofmann, 64 S., ca. 50 s/w-Abbildungen und Grafiken, kart. ●●

PC HELP!
dBASE-Relationen richtig nutzen
(**4347**-3) Von M. Hofmann, 64 S., ca. 50 s/w-Abbildungen und Grafiken, kart. ●●

PC HELP!
Termine steuern mit FRAMEWORK III
(**4348**-1) Von M. Hofmann, 64 S., ca. 50 s/w-Abbildungen und Grafiken, kart. ●●

PC HELP!
Listendruck mit dBASE und kompatiblen Programmen
(**4349**-X) Von M. Hofmann, 64 S., ca. 50 s/w-Abbildungen und Grafiken, kart. ●●

Das kleine DTP-Lexikon
(**4373**-2) Ca. 96 S., durchgehend zweifarbig, kart. ●●

Gestalten mit Ventura Publisher
(**4374**-0) Ca. 96 S., durchgehend zweifarbig, kart. ●●

Gestalten mit Pagemaker für Windows
(**4375**-9) Von M. Hofmann, R. Titius, ca. 96 S., durchgehend zweifarbig, kart. ●●

Präsentationsprogramme richtig nutzen
(**4376**-7) Von M. Hofmann, ca. 96 S., durchgehend zweifarbig, kart. ●●

Works für Windows
(**4377**-5) Von J. Wortelker, ca. 96 S., durchgehend zweifarbig, kart. ●●

Datenaustausch 1
(**4378**-3) Von M. Hofmann, ca. 96 S., durchgehend zweifarbig, kart. ●●

Datenaustausch 2
(**4379**-1) Von M. Hofmann, ca. 96 S., durchgehend zweifarbig, kart. ●●

FALKEN Software
Einstellungstest
Die optimale Vorbereitung für Bewerber
(**7013**-6) Wendediskette für C 64/C 128 PC, mit Begleitheft. ●●●●*

FALKEN Software
Schnell und sicher zum
Führerschein
Intensivtraining mit dem amtlichen Fragenkatalog (**7024**-1) für Atari ST 520/1040, mit Begleitheft. ●●●●*

FALKEN Software
Maschinenschreiben und Tastaturtraining für Comuter
(**7009**-8) Von B. Hoppius, Diskette 5 1/4" u. 3 1/2" für IBM-PC + Kompatible, mit Begleitheft. ●●●●●*

FALKEN Software
Musterkorrespondenz in Deutsch, Englisch, Französisch, Italienisch, Spanisch
(**7041**-1) Diskette 5 1/4" für IBM-PC + Kompatible, mit Begleitbroschüre. ●●●●●*
(**7051**-9) Diskette 3 1/2" für IBM-PC + Kompatible, mit Begleitbroschüre. ●●●●●*

FALKEN Software
Wirtschaftsrechnen in Beruf und Alltag,.
(**7037**-3) Diskette für IBM-PC + Kompatible, mit Begleitheft. ●●●●●*

FALKEN Software
Vokabeltrainer Englisch
Über 2000 Vokabeln und Redewendungen
(**7001**-2) Disk. für C 64/C 128 PC, mit Begleitheft. ●●●●●*
(**7007**-1) Disk. für Atari ST 520/1040, mit Begleitheft. ●●●●●*

FALKEN Software
Take a Trip to Britain
Spielend Englisch lernen mit dem Computer
(**7004**-7) Diskette für C 64/C 128 PC, mit Begleitheft. ●●●●*
(**7039**-X) Diskette 5 1/4" für IBM-PC + Kompatible, mit Begleitheft. ●●●●●*

FALKEN Software
The Grammar Master
(**7002**-0) Diskette für C 64/C 128 PC, mit Begleitheft. ●●●●*
(**7030**-6) für IBM-PC + Kompatible, mit Begleitheft. ●●●●●*
(**7031**-4) für Atari ST 520/1040, mit Begleitheft. ●●●●●*
(**7032**-2) für Amiga, mit Begleitheft. ●●●●●*

FALKEN Software
From Coast to Coast
Travelling through the USA
(**7040**-3) Diskette 5 1/4" für IBM-PC + Kompatible, mit Begleitbroschüre ●●●●●*
(**7061**-6) Diskette 3 1/2" für IBM-PC + Kompatible, mit Begleitbroschüre. ●●●●●*

FALKEN Software
Vokabeltrainer Französisch
Über 2000 Vokabeln und Redewendungen frei erweiterbar.
(**7018**-7) Systemdisk. + Wendedisk. für C 64/C 128 PC, mit Begleitheft. (**7019**-5) Disk. für IBM-PC + Kompatible, mit Begleitheft. ●●●●●*

FALKEN Software
Je finis, tu finis ... maîtrisez la grammaire française
Französische Grammatik lernen und beherrschen
(**7053**-5) Diskette 5 1/4" für IBM-PC + Kompatible, mit Begleitbroschüre. ●●●●●*
(**7069**-1) Diskette 3 1/2" für IBM-PC + Kompatible, mit Begleitbroschüre. ●●●●●*

FALKEN Software
Le monde des affaires en français
Wirtschaftsfranzösisch leicht gelernt
(**7054**-3) Diskette 5 1/4" für IBM-PC + Kompatible, mit Begleitbroschüre. ●●●●●*
(**7068**-3) Diskette 3 1/2" für IBM-PC + Kompatible, mit Begleitbroschüre. ●●●●●*

FALKEN Software
Vokabeltrainer Italienisch
Über 2000 Vokabeln und Redewendungen frei erweiterbar
(**7065**-9) Diskette 5 1/4" für IBM-PC + Kompatible, mit Begleitbroschüre. ●●●●●*
(**7064**-0) Diskette 3 1/2" für IBM-PC + Kompatible, mit Begleitbroschüre. ●●●●●*

FALKEN Software
Vokabeltrainer Latein
Über 2000 Vokabeln und Redewendungen frei erweiterbar
(**7022**-5) Von B. Hoppius, 2 Wendedisketten für C 64/C 128 PC, mit Begleitheft.
(**7033**-0) Diskette für IBM-PC + Kompatible, mit Begleitbroschüre. ●●●●●*

FALKEN Software
Börsenfieber
Spielend spekulieren mit Geld und Aktien
(**7016**-0) für IBM-PC + Kompatible, Diskette 5 1/4", mit Begleitheft. ●●●●●*
(**7026**-8) für C 64/C 128 PC mit Begleitheft
(**7027**-6) für Atari ST 520/1040, mit Begleitheft. ●●●●●*
(**7028**-4) für Amiga, mit Begleitheft. ●●●●●*
(**7044**-6) für IBM-PC + Kompatible, Diskette 3 1/2", mit Begleitheft. ●●●●●*
(**7038**-1) für C 64/128 C Kassette, mit Begleitheft. ●●●●*

FALKEN Software
Broker King
Cash und crash an der Terminbörse
(**7057**-8) Diskette 5 1/4" für IBM-PC + Kompatible, mit Begleitbroschüre. ●●●●●*
(**7058**-6) Diskette 3 1/2" für IBM-PC + Kompatible, mit Begleitbroschüre. ●●●●●*

Video

Hobby Aquarellmalen
Landschaft und Stilleben
(**6022**-X) VHS, 40 Min., in Farbe, mit Begleitheft. ●●●●*

Hobby Ölmalerei
Landschaft und Stilleben
(**6025**-4) VHS, 40 Min., in Farbe, mit Begleitheft. ●●●●*

Basteln mit Kindern
(**6041**-6) VHS, 60 Min., in Farbe, mit Vorlagen in Originalgröße, mit Begleitheft. ●●●*

Die Modelleisenbahn
Anlagenbau in Modultechnik
(**6028**-9) VHS, 30 Min., in Farbe. ●●●●*

Golf
(**6053**-X) VHS, 60 Min., in Farbe, mit Begleitheft. ●●●●●*

Reiten
(**6097**-1) VHS, ca. 60 Min., in Farbe, mit Begleitbroschüre. ●●●●*

Skigymnastik perfekt
(**6052**-1) VHS, ca. 60 Min., in Farbe, mit Begleitbroschüre. ●●●●●*

Pflanzenjournal
Blumen- und Pflanzenpflege im Jahreslauf
(**6036**-X) VHS, 30 Min., mit Begleitheft. ●●●●*

Schnitt und Pflege
von Bäumen und Sträuchern
(**6050**-5) VHS, 45 Min., in Farbe, mit Begleitheft. ●●●●*

Erfolgreiche Streßbewältigung
Autogenes Training
Video 1: Einführung und Kurs
Video 2: Übungen
(**6132**-3) VHS, jeweils ca. 60 Minuten, in Farbe. ●●●●●*

Aktfotografie
Gestaltung/Technik/Spezialeffekte
Interpretationen zu einem unerschöpflichen Thema
(**6001**-7) VHS, 60 Min., in Farbe, mit Begleitheft. ●●●●●*

Videografieren
Technik/Bildgestaltung/Schnitt/Vertonung, Filmen mit Video 8 (**6031**-6) VHS, 60 Min., in Farbe, mit Begleitheft. ●●●●●*

Videografieren perfekt
Profitricks für Aufnahmetechnik und Nachbearbeitung
(**6042**-4) VHS, (**6044**-4) Video 8, 60 Min., in Farbe, mit Begleitheft. ●●●●●*

Streicheleinheiten für Körper und Seele
Partnermassage
(**6051**-3) VHS, 45 Min., in Farbe, mit Begleitheft. ●●●●●*

Tele Partner Massage
Zärtliche Entspannung zu zweit
(**6131**-5) VHS, ca. 60 Minuten, in Farbe. ●●●●*

Sinnliche Stunden
(**6099**-8) VHS, ca. 60 Min., in Farbe, mit Begleitbroschüre. ●●●●●*

Nie wieder rauchen
(**6100**-5) VHS, ca. 45 Min., in Farbe, mit Begleitbroschüre. ●●●●*

Reiseziel **New York**
Die schönsten Sehenswürdigkeiten, präzise Informationen, praktische Tips
(**6048**-3) VHS, 60 Min., in Farbe, mit Begleitheft. ●●●●●*

Reiseziel **Kalifornien**
San Franzisko und die schönsten Ziele in Kalifornien.
Präzise Informationen und praktische Tips
(**6049**-1) VHS, 60 Min., in Farbe, mit Begleitbroschüre. ●●●●●*

Reiseziel **Florida**
(**6054**-8) VHS, 60 Min., in Farbe, mit Begleitheft. ●●●●●*

Reiseziel **Hawaii**
Das Paradies im Stillen Ozean
(**6063**-7) VHS, ca. 60 Min., in Farbe, Timecode, Kompaktreiseführer mit Panoramakarte im Taschenformat. ●●●●●*

Info-Tour USA
Die Highlights aus dem FALKEN Reiseprogramm
(**6060**-2) VHS, 30 Min., in Farbe, mit Begleitheft. ●*

Reiseziel **USA**
(**6055**-6) VHS, 60 Min., in Farbe, mit Begleitheft. ●●●●●*

Reiseziel **Irland**
(**6059**-9) VHS, 60 Min., in Farbe, mit Begleitheft. ●●●●●*

Reiseziel **Norwegen**
Rundreise zu den schönsten Fjorden, präzise Informationen, praktische Tips.
(**6058**-0) VHS, ca. 60 Min., in Farbe, Timecode, Kompaktreiseführer mit Panoramakarte im Taschenformat. ●●●●●*

Reiseziel **Kanarische Inseln**
Schöne Strände, interessante Exkursionen
(**6064**-5) VHS, ca. 60 Min., in Farbe, Timecode, Kompaktreiseführer mit Panoramakarte im Taschenformat. ●●●●●*

Reiseziel **Thailand**
(**6065**-3) VHS, ca. 60 Min., in Farbe, Timecode, Kompaktreiseführer mit Panoramakarte im Taschenformat. ●●●●●*

Reiseziel **Bali**
(**6088**-2) VHS, ca. 60 Min., in Farbe, Kompaktreiseführer mit Panoramakarte im Taschenformat. ●●●●●*

Reiseziel **Hongkong**
(**6087**-4) VHS, ca. 60 Min., in Farbe, Kompaktreiseführer mit Panoramakarte im Taschenformat. ●●●●●*

Infotour Fernost
(**6094**-7) VHS, ca. 30 Min., in Farbe. ●●*

Reiseziel **Berlin**
Kultur, Shopping, Erlebnis
(**6067**-X) VHS, ca. 60 Min., in Farbe, Timecode, Kompaktreiseführer mit Panoramakarte im Taschenformat. ●●●●●*

Körpersprache
verstehen und deuten
(**6046**-7) VHS, 60 Min., in Farbe, mit Begleitheft. ●●●●●*

Das erfolgreiche Vorstellungsgespräch
(**6047**-5) VHS, 60 Min., in Farbe, mit Begleitheft. ●●●●●*

Rhetorik
(**6066**-1) VHS, ca. 58 Min., in Farbe, mit Begleitbroschüre. ●●●●●*

Bestellschein

Erfüllungsort und Gerichtsstand für Vollkaufleute ist der jeweilige Sitz der Lieferfirma. Für alle übrigen Kunden gilt dieser Gerichtsstand für das Mahnverfahren. Falls durch besondere Umstände Preisänderungen notwendig werden, erfolgt Auftragserledigung zu dem bei der Lieferung gültigen Preis.

Ich bestelle hiermit aus dem Falken-Verlag GmbH, Postfach 1120, D-6272 Niedernhausen/Ts., durch die Buchhandlung:

Ex.

Ex.

Ex.

Ex.

Name: Datum:

Straße:

Ort: Unterschrift:

Die hier vorgestellten Bücher, Videokassetten und Software sind in folgende Preisgruppen unterteilt:

● Preisgruppe bis DM 10,–/S 79,–
●● Preisgruppe über DM 10,– bis DM 20,– S 80,– bis S 160,–
●●● Preisgruppe über DM 20,– bis DM 30,– S 161,– bis S 240,–
●●●● Preisgruppe über DM 30,– bis DM 50,– S 241,– bis S 400,–
●●●●● Preisgruppe über DM 50,–/S 401,–
* (unverbindliche Preisempfehlung)

Die Preise entsprechen dem Status beim Druck dieses Verzeichnisses (s. Seite 1) – Änderungen, im besonderen der Preise, vorbehalten –

Falken-Verlag GmbH · Postfach 1120 FALKEN D-6272 Niedernhausen/Ts. · Tel.: 0 61 27 / 70 20